课堂上学不到的
数学

[美] 阿尔弗雷德·S.波萨门蒂尔（Alfred S. Posamentier）
[奥] 罗伯特·格列施拉格尔（Robert Geretschläger）
[美] 查尔斯·李（Charles Li）
[奥] 克里斯蒂安·施普赖策（Christian Spreitzer）著
范中平 译

THE JOY OF
MATHEMATICS

MARVELS, NOVELTIES,
AND NEGLECTED GEMS THAT ARE
RARELY TAUGHT IN MATH CLASS

人民邮电出版社
北京

图书在版编目（CIP）数据

课堂上学不到的数学 ／（美）阿尔弗雷德·S. 波萨
门蒂尔等著；范中平译. -- 北京：人民邮电出版社，
2022.12
（欢乐数学营）
ISBN 978-7-115-59894-3

Ⅰ. ①课… Ⅱ. ①阿… ②范… Ⅲ. ①数学－青少年
读物 Ⅳ. ①O1-49

中国版本图书馆CIP数据核字(2022)第151879号

版 权 声 明

◆ 著　　　　　[美]阿尔弗雷德·S. 波萨门蒂尔（Alfred S. Posamentier）
　　　　　　　[奥]罗伯特·格列施拉格尔（Robert Geretschläger）
　　　　　　　[美]查尔斯·李（Charles Li）
　　　　　　　[奥]克里斯蒂安·施普赖策（Christian Spreitzer）
　　译　　　　范中平
　　责任编辑　刘　朋
　　责任印制　陈　犇

◆ 人民邮电出版社出版发行　　北京市丰台区成寿寺路 11 号
　　邮编　100164　电子邮件　315@ptpress.com.cn
　　网址　https://www.ptpress.com.cn
　　三河市中晟雅豪印务有限公司印刷

◆ 开本：720×960　1/16
　　印张：12.25　　　　　　　　　　　2022 年 12 月第 1 版
　　字数：174 千字　　　　　　　　　2022 年 12 月河北第 1 次印刷
　　著作权合同登记号　图字：01-2020-7360 号

定价：59.90 元
读者服务热线：(010)81055410　印装质量热线：(010)81055316
反盗版热线：(010)81055315
广告经营许可证：京东市监广登字 20170147 号

内容提要

　　长期以来，数学一直备受瞩目，然而传统的课堂教学多以概念的讲述、练习和测试为主，常常使人感到枯燥乏味，体会不到学习数学的乐趣，更谈不上对数学之美的欣赏。

　　本书的几位作者是具有丰富经验的数学教育家，他们在书中讲述了 80 多个有趣的数学话题，内容涉及算术、代数、几何、概率以及相关数学常识等五个方面。这些知识超出了传统课堂的讲述范围，但与学生的学习有一定的相关性，更重要的是展示了数学有趣的一面。在阅读过程中，你会看到许多违反直觉的数学现象，发现隐藏在散乱数字之下的数学之美，领略数学的神奇力量。

　　本书适合广大数学爱好者阅读。

前　言

几十年来，数学课程已经汇聚了许多基础内容，使学生能够依靠它们来驾驭科学、金融、工程、建筑等学科以及日常生活的方方面面，多得难以尽数！由于在课堂上要讲授的内容非常多，还要保持稳定的教学节奏，所以我们常常错过许多有趣而重要的数学概念、主题和应用。

当学生在学校课程中接触实际的金融问题，比如要根据给定的本金计算相应的利息收益时，如果懂数学，了解具有数学特色的"72 法则"，就能够轻而易举地算出银行账户里的存款需要多少时间才能以规定的利率翻一番。

仅仅因为教学时长所限，在课堂上有一些非常简单的几何现象很少被提到。这里面就包括圆内接四边形的一类特殊而直接的性质，例如其对角线与边之间令人难以置信的关系，具体来说就是对角线长度的乘积等于两对对边长度乘积的和。需要注意，只有当四边形的四个顶点位于同一个圆上时才是如此。

另一条在课堂上很少讲到的性质是关于在等边三角形内部随机放置的一个点如何与该三角形中的其他点产生共性的。具体来说，等边三角形内部任意一点到三边的距离之和等于任意另一点到三边的距离之和。

一些日常应用似乎也经常在课堂上被忽视，例如心算乘法的程序化算法。因为有现成的电子计算器，心算在当今的技术时代看起来不是那么必要，但这显然仍是一种宝贵的能力。在本书中，我们将要填补这块空白。

斐波那契数（也许是欧美文化中最常见的一组数）的巧妙应用，能帮助我们心算英里与千米间的转换。这对于在国外旅行的美国人来说尤其有用，因为他们需要将用千米表示的距离转换为他们更熟悉的里程单位来进行度量。

代数是非常有用的，可以用来解释数学上许多让初学者感到惊讶的奇妙现象。例如，大多数老师会教学生如何检验一个数，并确定它是否可以被 3 整除，但他们不会花时间解释这是为什么。我们相信，知其所以然比知其然更重要。我们将在后面介绍其他数字的可除性规则。

圆锥曲线是高中标准课程的一部分。讲授这部分内容时，教师通常会展示相应的实物模型，但错过了不少真正让学生感到惊奇的实际应用机会。举个例子，用手电筒发出的光线来代表圆锥。手电筒以不同的角度照射地面或墙壁，可以产生不同形状的光斑。这些光斑就是圆锥截面（这里假设手电筒的光圈是圆形的）。根据不同的角度，我们可以得到一个圆、一个椭圆、一条抛物线或一条双曲线。类似地，如果我们从不同的角度看，圆弧（例如建筑物的一部分）就能被看成椭圆弧、双曲线或抛物线。此外，从几何的角度来看，在许多建筑杰作中都能找到圆锥曲线。数学也可以用来帮助我们在画画时构筑视觉深度感知。在文艺复兴时期意大利的许多著名绘画作品中发现的透视概念，为视觉深度感知的进一步研究和完善奠定了基础。莱昂纳多·达·芬奇（Leonardo da Vinci）作为举世闻名的艺术家，也是著名的德国艺术家阿尔布雷特·丢勒（Albrecht Dürer）的榜样。这些人类艺术文化的组成部分都可以从数学的角度来认识和理解，但遗憾的是，在数学教学中，这部分内容往往被忽视了。

概率这个专题在今天的标准课程中越来越受到重视，其中有一些真正令人惊讶和违反直觉的实例，而学习这部分内容的学生常常不知道这些例子。比如，著名的"生日问题"并没有在大多数课堂上讨论，令人遗憾。这个"问题"给出了一些非常违反直觉的结果。例如，它表明在一个 30 人的房间里，有两个人的出生日期相同的概率是 70%；而更令人惊讶的是，它断言在一个 55 人的房间里，有两个人的出生日期相同的概率是 99%。这样的缺失显然削弱了教学效果，所以现在我们借本书让广大读者了解这部分内容。

以学生的考试成绩作为衡量标准的应试教育是这么多奇妙的数学问题没有被

纳入教学计划的原因之一。我们试图填补数学教育体系中的一些空白，同时向人们展示，他们在上学的时候可能错过了许多有趣且有用的数学知识。我们将把各小节写得简明，使得要展示的内容清晰易懂。我们还将广泛使用图表来增强示例的吸引力。为了让所介绍的内容易于被读者接受，我们采用面向广大普通读者而不是数学学者的语言进行介绍。我们秉承了法国数学家约瑟夫·迪亚兹·热尔岗（Joseph Diaz Gergonne，1771—1859）的理念，他说："对于某个理论研究而言，只要我们还不能用几句话向在街上遇到的任意行人解释清楚，它就不能算是令人满意的盖棺定论。"[1]

我们希望通过本书让你更真切地感受数学，更重要的是欣赏数学的力量与美。

目　录

第1章 ▶▶▶
算术新语

当提及算术时，你通常会想到基本四则运算。如果再让你多想一想，你就会倾向于把开平方根也看作运算。不幸的是，学校中的大部分课程都立足于确保我们对算术运算有较好的、机械性的掌握，并对数的表象有尽可能多的了解，以便有效地为日常生活服务。因此，大多数成年人不知道数字可以用来表示许多难以置信的关系，其中一些在我们的日常生活中也是非常有益的。例如，仅仅对一个数进行观察并确定它是否可以被 3、9 或 11 整除这件事就非常有用，特别是当我们只需看上一眼就可以进行判定时。当涉及关于 2 的整除性时，我们不需要太多的思考，只需检查最后一位数字即可。我们将会讨论一般素数的整除性，这在学校课程中显然是没有出现过的。我们希望以此激励读者进一步研究素数。我们真诚地盼望我们的数字系统所蕴含的种种意想不到的性质（其中许多会在本书中得以呈现）将激励你去探究更多奇妙的问题及其背后的道理。本章中的一些内容将使你对我们的数字系统，而不仅仅是算术运算，有更加深入的了解。我们对各种特殊数的介绍将会比一般学校课程更能激发你对算术的兴趣和热爱。让我们从数字及其运算开始我们的求索之旅吧。

一个数在什么时候可以被 3 或 9 整除

有些老师常常不注意告诉学生，要确定一个数是否可以被 3 或者 9 整除，你只需要依据一条简单的规律：如果一个数的各位数字之和可以被 3 或 9 整除，那么这个数就可以被 3 或 9 整除。

举个例子最能加深你对这条规律的理解。想想数 296357，让我们用 3 和 9 来测试它的整除性。这个数的各位数字之和为 $2+9+6+3+5+7=32$，它不能被 3 和 9 整除。因此，原来的数 296357 不能被 3 和 9 整除。

现在我们考虑的数是 457875，它能被 3 或 9 整除吗？这个数的各位数字之和是 $4+5+7+8+7+5=36$，可以被 9 整除（当然，也可以被 3 整除），因此 457875 可以被 3 和 9 整除。如果在某些较极端的情况下，你不清楚一个数的各位数字之和是否可以被 3 或 9 整除，那么就重复这个过程，取以前的各位数字之和的各位数字继续相加求和，直到你可以直观地确定所得到的数关于 3 或 9 的可整除性。

让我们考虑另一个例子。27987 这个数能被 3 或 9 整除吗？这个数的各位数字之和为 $2+7+9+8+7=33$，可被 3 整除，但不能被 9 整除。因此，27987 可以被 3 整除，但不能被 9 整除。

即使一些老师在学校教学中讲到了这条整除性规律，他们通常也不讲它为什么会起作用。下面简短地讨论一下为什么这个规则有如此奇效。考虑十进制数 $abcde$，它的值可以用以下方式表示：

$$N = 10^4a + 10^3b + 10^2c + 10d + e = (9+1)^4a + (9+1)^3b + (9+1)^2c + (9+1)d + e$$

在展开每个二项式之后，我们现在可以将所有是 9 的倍数的项表示为 $9M$，从而将上式简化为：

$$N = (9M + 1^4)a + (9M + 1^3)b + (9M + 1^2)c + (9+1)d + e$$

然后将 $9M$ 提出，我们得到 $N = 9M(a + b + c + d) + (a + b + c + d + e)$，这意味着 N 能否被 3 或 9 整除取决于 $a + b + c + d + e$，也就是 N 的各位数字之和能否被 3 或 9 整除。

正如你所看到的，当知其所以然时，就能更好地知其然。

一个数在什么时候可以被 11 整除

当老师向全班同学讲授一些学校课程中没有明确规定的内容时，往往很有意思，而且能激发学生的积极性。比如，在不实际进行除法运算的情况下确定一个数是否可以被 11 整除。如果你的手头有计算器，那么这个问题就很容易解决，但情况并非总是如此。除此之外，有一条巧妙得不能被忽视的"规律"可以用来测试一个数关于 11 的整除性。

这条规律很简单：如果一个数的奇数位数字的和与偶数位数字的和相减后可以被 11 整除，那么这个数就可以被 11 整除。这听起来有点复杂，但实际上并不难理解。求间隔位数字的和意味着你需要从这个数的一端开始，取第一位、第三位、第五位等奇数位数字并将它们相加，再将剩余的（偶数位）数字相加。将这两个和相减，最后检查这个差值能否被 11 整除。

最好通过一个例子来介绍这条规律。假设我们想看看 918082 能否被 11 整除。我们首先求间隔位数字的和：$9 + 8 + 8 = 25$，$1 + 0 + 2 = 3$。它们的差是 $25 - 3 = 22$，可以被 11 整除，因此 918082 可以被 11 整除。应该指出的是，如果两个和的差等于零，那么我们就可以得出结论——原来的数可以被 11 整除，因为零可以被所有的数整除。我们可以在下面的例子中看到这一点。在检验 768614 能否被 11 整除的过程中，我们发现间隔位数字之和（$7 + 8 + 1 = 16$，$6 + 6 + 4 = 16$）的差是 0，可以被 11 整除。因此，我们可以得出结论：768614 可以被 11 整除。

若你想知道为什么这种办法有效，则可以参考以下内容。考虑十进制数 $N = abcde$，它可以表示为 $N = 10^4a + 10^3b + 10^2c + 10d + e = (11 - 1)^4a + (11 - 1)^3b + (11 - 1)^2c + (11 - 1)d + e$，这可以被写作 $N = [11M + (-1)^4]a + [11M + (-1)^3]b + [11M + (-1)^2]c + [11 + (-1)]d + e$。展开每一个二项式，用 $11M$ 表示所有是 11 的倍数的项，提取公因式 $11M$ 后，我们得到 $N = 11M(a + b + c + d) + (a - b + c - d + e)$。这个表达式的最后一部分为 $a - b + c - d + e = (a + c + e) - (b + d)$，这正好是间隔位数字之和的

差。只要这个差可以被 11 整除，原来的数字就可以被 11 整除。这是一个有用的小技巧，可以加深你对算术的理解。顺便再举个例子，24847291 可以被 11 整除吗？看看我们算出了什么：2－4＋8－4＋7－2＋9－1＝15。因为间隔位数字之和的差是 15，不能被 11 整除，所以 24847291 不能被 11 整除。

关于素数的整除性

在当今的技术时代，算术技巧和能力似乎是次要的，因为计算器随手可得。不出意外的话，大多数成年人只要看一个数的最后一位数字（即个位数字），就可以确定它是否可以被 2 或 5 整除。也就是说，如果一个数的最后一位数字是偶数（比如 2，4，6，8，0），那么这个数就可以被 2 整除。如果一个数的最后两位数字构成的数可以被 4 整除，那么这个数就可以被 4 整除。如果一个数的最后三位数字构成的数可以被 8 整除，那么这个数就可以被 8 整除。这条规律也可以用于分析 2 的更高次幂的整除性。

类似地，如果一个数的最后一位数字是 0 或 5，那么这个数就能够被 5 整除。如果一个数的最后两位数字构成的数可以被 25 整除，那么这个数就可以被 25 整除。这与 2 的幂的整除规律很相似。由此，你想到 2 和 5 的幂的整除性之间的联系了吗？是的，2 和 5 是 10 的因数，而 10 是十进制数系的基数。

在前面的讨论中，我们已经找到了判断一个数是否可以被素数 3，5，11 整除的巧妙方法，那么接下来的问题是：是否也有关于其他素数的整除性规律？让我们来考虑一下吧。

除了能够确定一个数是否可被某个素数整除这一潜在的用途之外，研究这类规律有助于我们更好地欣赏数学。换言之，在对数的本质和诸多特性的认识过程中，整除性规律提供了一个有趣的"入口"。虽然这些规律在学校课程中经常被忽视，但它们在日常生活中很有用。

在以上探求整除性规律的过程中，7 是我们还没有讨论的最小素数。我们很快就会看到一些素数的整除性规律几乎和实际的除法算法一样麻烦，但是它们很有趣，而且很有用。当开始探索较小素数的整除性规律时，我们将从关于 7 的整除性规律开始。

关于 7 的整除性规律：从给定的数中去掉最后一位数字，然后从新得到的数中减去这个被删除的数字的两倍，如果所得结果可被 7 整除，则原来的数可被 7 整除。重复这个过程，直到得出一个我们可以直接判断能否被 7 整除的数。

让我们通过一个例子来阐明这条规律。比如，我们要判断 876547 这个数是否可以被 7 整除。从 876547 开始去掉其个位数字 7，并从剩余的数中减去 7 的两倍 14，就得到 87654 − 14 = 87640。因为我们还不能直接看出这个结果能否被 7 整除，所以我们重复以上过程。我们去掉先前得到的 87640 这个数的个位数字 0，然后从剩余的数中减去 0 的两倍（仍然是 0），得到 8764 − 0 = 8764。我们仍然不太可能直接确定 8764 这个数能否被 7 整除，所以我们继续重复以上过程，去掉 8764 的最后一位数字 4，然后从剩余的数中减去 4 的两倍 8，得到 876 − 8 = 868。由于我们仍然无法直观地判断 868 这个数能否被 7 整除，所以我们继续重复以上过程。

我们去掉 868 的个位数字 8，然后从剩下的数中减去 8 的两倍 16，得到 86 − 16 = 70，70 可以被 7 整除。因此，876547 这个数可以被 7 整除。

在继续讨论素数的整除性之前，你可能会随机选择一些数来检验这条规律，然后用计算器验证得到的结果。

赞叹数学之美！为什么这种有些奇怪的算法真的有效？格物致知是数学的奇妙之处之一，它一直在指引我们思考的方向！

为了验证这种判断一个数关于 7 的整除性的方法，我们得考虑各种可能的末位数字（我们将要去除的）以及去掉末位数字后接下来进行的相应的减法运算。在表 1.1 中，我们将看到一个数去掉其末位数字后再减去末尾数字的两倍，实际上减去的数是 7 的倍数，也就是说我们从原来的数字中减去了几个 7。因此，如果剩下的数可以被 7 整除，那么原来的数也可以被 7 整除，因为这相当于把原来的数分成两部分，若每部分都可以被 7 整除，那么整个数就一定可以被 7 整除。

我们还可以用另一种方式来说明为什么这种方法总是有效的。你可以这样考虑：去掉一个数的最后一位数字，然后从剩余的数中减去最后一位数字的两倍，这相当于从这个数中减去最后一位数字的 21 倍，再将结果除以 10。（后者当然能被 10 整除，因为通过第一步得到的数必须以数字 0 结尾。）由于 21 可以被 7 整除，而 10 不可以被 7 整除，所以当且仅当原来的数可以被 7 整除时，得到的结果可以被 7 整除。

表 1.1

末位数字	从原数中减掉的数	末位数字	从原数中减掉的数
1	$20 + 1 = 21 = 3 \times 7$	6	$120 + 6 = 126 = 18 \times 7$
2	$40 + 2 = 42 = 6 \times 7$	7	$140 + 7 = 147 = 21 \times 7$
3	$60 + 3 = 63 = 9 \times 7$	8	$160 + 8 = 168 = 24 \times 7$
4	$80 + 4 = 84 = 12 \times 7$	9	$180 + 9 = 189 = 27 \times 7$
5	$100 + 5 = 105 = 15 \times 7$		

接下来我们要考虑的素数是 13。

关于 13 的整除性规律：这个过程类似于检验一个数关于 7 的整除性，不同之处在于我们不是减去被去掉的数字的两倍，而是每次减去被去掉的数字的 9 倍。

也许我们最好用一个例子来解释这条规律。让我们检验一下 5616 这个数是否可以被 13 整除。我们从起始的数 5616 开始，去掉它的个位数字 6，然后从剩余的数中减去 9 乘以 6（即 54），得到 561 − 54 = 507。由于我们仍然无法直观地检查 507 能否被 13 整除，所以我们重复这个过程。我们去掉 507 的个位数 7，然后从剩余的数中减去 7 的 9 倍（即 63），得到 50 − 63 = −13，−13 可以被 13 整除，因此原来的数 5616 可以被 13 整除。

在这条关于 13 的整除性的规律中，你可能想知道我们是如何确定"乘数"为 9 的。我们寻找以 1 结尾的 13 的最小倍数，这个数是 91，其十位数是个位数的 9 倍。然后考虑表 1.2 中各种可能的末位数字和对应的被减掉的数。

表 1.2

末位数字	从原数中减掉的数	末位数字	从原数中减掉的数
1	$90 + 1 = 91 = 7 \times 13$	6	$540 + 6 = 546 = 42 \times 13$
2	$180 + 2 = 182 = 14 \times 13$	7	$630 + 7 = 637 = 49 \times 13$
3	$270 + 3 = 273 = 21 \times 13$	8	$720 + 8 = 728 = 56 \times 13$
4	$360 + 4 = 364 = 28 \times 13$	9	$810 + 9 = 819 = 63 \times 13$
5	$450 + 5 = 455 = 35 \times 13$		

在每种情况下，从原来的数中减去的都是 13 的倍数。因此，如果剩余的数可以被 13 整除，那么原来的数就可以被 13 整除。

关于 17 的整除性规律：去掉一个数的末位数字，从剩余的数中减去被去掉的数字的 5 倍，然后重复这个步骤，直到所得的数小到我们能够直接看出其能否被 17 整除。这个过程的每一步都是从前一个数中减去几个 17，直到我们把这个数减小到能够一眼看出其能否被 17 整除为止。

前面三条整除性规律（关于 7，13，17）的形式可以指引你发现类似的规律，检验一个数关于更大的素数的整除性。表 1.3 显示了部分素数对应的被删除的末位数字的乘数。

表 1.3

检验整除性的素数	7	11	13	17	19	23	29	31	37	41	43	47
乘数	2	1	9	5	17	16	26	3	11	4	30	14

你可能会想到扩展表 1.3。这很有意思，而且会加深你对数学的理解。你可能还想扩展你对整除性规律的认知，探索一个数关于合数的整除性。

关于合数的整除性规律：如果一个给定的数可以被它的任意两个以上的互素因数整除，那么这个数就可以被一个合数整除。表 1.4 说明了这条规律。

表 1.4

检验整除性的素数	6	10	12	15	18	21	24	26	28
可以被整除的数	2 和 3	2 和 5	3 和 4	3 和 5	2 和 9	3 和 7	3 和 8	2 和 13	4 和 7

现在你有了一张相当全面的用来检验整除性的表格。感兴趣的读者可以检验这些规律（这可以培养我们的数感），尝试发现十进制中其他数的整除性规律，并将这些规律推广到非十进制数系。

速算平方

在学校中，我们学会了如何借助纸笔把两个多位数相乘。当我们想将一个数乘以它本身（也就是说求这个数的平方）时，得出答案是有捷径的。此外，任何两个数相乘都可以写成这两个数的和与差的平方的组合。因此，若一个人懂得如何进行加、减和求平方运算，那么他实际上就能计算任意两个数的乘积。

求个位为 5 的数的平方

可用一种快速的方法来求任何一个个位数是 5 的数的平方。对于这样一个数，设我们去掉个位数后得到的数为 N。将 N 乘以 $N+1$，并在所得乘积的末尾添加上数字 2 和 5，就得到正确的结果了。

例如，为了计算 85^2，我们从 85 中去掉 5，将剩余的数 8 乘以 9，得到 72，并在 72 的末尾添加上 25，结果是 7225，也就是 85^2。

为什么这种方法有效？如果我们用 N 表示去掉一个数的最后一位数字后剩下的数，那么就可以把原数的平方写成 $(10N+5)^2 = 100N^2 + 100N + 25 = 100N(N+1) + 25$。乘积 $N(N+1)$ 表示原数的平方中百位之后的数。只要在数字 2 和 5 的前面写上这个数，我们就把这个数安排到了正确的位置，然后根据我们的简单算式，最终得到原数的平方。

求 40 到 60 之间的数的平方

还有一种可以快速求 40 到 60 之间的数的平方的方法，也许你已经想到了这种方法。我们只提出一个与前面的方法相似的证明。其实这里有一个技巧：40 到 60 之间的任何数（不包括 40 和 60）都可以写成 $50 \pm N$，其中 N 是一个一位数（例如，$58 = 50 + 8$，$43 = 50 - 7$）。在快速计算 57^2 时，我们先做加法 $25 + 7 = 32$，然后将 32 放到 49（即 7^2）的前面，得到 3249。顺便说一下，7 来自 $57 = 50 + 7$。类似地，在计算 48^2 时，我们做减法 $25 - 2 = 23$，然后将 23 放到 04（即 2^2）的前面，得到 2304。这里的 2 源自 $48 = 50 - 2$。这种方法可行的原因是一个 40 到 60 之间的数的平方可以写成 $(50 \pm N)^2 = 2500 \pm 100N + N^2 = 100(25 \pm N) + N^2$，所以 $(50 \pm N)^2$ 的前半部分

是 $25 \pm N$，后半部分是 N^2。注意，要将 N^2 写成两位数的形式。

求任意数的平方

我们刚才讨论的两个技巧针对最后一位数字是 5 的数以及 40 到 60 之间的数的情形。那么其他数字呢？尽管上述技巧依赖 $2 \times 5 = 10$ 这一事实，但我们仍然可以用同样的思想来简化任意数的平方的计算。让我们计算一个最后一位数小于 5 的数的平方，例如 73^2。把 73 看作$(70 + 3)^2$ 是有助于计算的，此时$(70 + 3)^2 = 70^2 + 2 \times 3 \times 70 + 3^2 = 5329$。如果最后一位数字大于 5，比如 29^2，我们就把它写成 $29^2 = (30 - 1)^2$，此时$(30 - 1)^2 = 30^2 - 2 \times 30 \times 1 + 1^2 = 841$。

总的来说，求一个数的平方时，通常可以先用一种巧妙的方法分解这个数，或者利用这里介绍的关于数字 5 的技巧来简化这个问题。熟练运用平方运算有助于我们进行一般的乘法运算，也可以让我们更深刻地看待算术问题。

平方数与和

平方数在数学中相当普遍，然而不太为人所知的是，每个整数要么是一个平方数，要么是两个、三个或四个平方数的和。尽管希腊数学家丢番图（Diophantus，201—285）在他的《算术》一书中推测出了这一点，但他无法证明自己的想法。法国数学家约瑟夫-路易斯·拉格朗日（Joseph-Louis Lagrange，1736—1813）首先证明了这一惊人的结论。这个结论被称为拉格朗日的"四平方定理"，但可惜的是在我们的学校教学中这个概念没有被提到。

让我们看看这个定理告诉了我们什么。对于数字 18，我们将尝试用四个或更少的平方数来表示它：$18 = 3^2 + 3^2 = 4^2 + 1^2 + 1^2 = 3^2 + 2^2 + 2^2 + 1^2$。这里我们用 1，2，3，4 的平方和表示 18。

这里还有几个例子：$23 = 3^2 + 3^2 + 2^2 + 1^2$, $43 = 5^2 + 3^2 + 3^2$, $97 = 8^2 + 5^2 + 2^2 + 2^2$。感兴趣的读者可能想用其他数字来验证这个不寻常的结论。

用平方数求任意两个数的乘积

如果要将两个和正好是偶数（即两个奇数或两个偶数）的数相乘，则可以使用公式$(a + b)(a - b) = a^2 - b^2$将问题简化为计算两个数的平方并取其差。例如，乘积$47 \times 59$可以写成$(53 - 6)(53 + 6) = 53^2 - 6^2 = 2809 - 36 = 2773$（顺便说一下，我们前面已经讨论了如何快速计算$53^2$）。注意，当一个数是奇数而另一个数是偶数时，这个技巧行不通。然而，通过采用公式$(a \pm b)^2 = a^2 \pm 2ab + b^2$，任何两个奇偶性不同的数的乘积也可以转化为平方差。

由$(a + b)^2 - (a - b)^2 = (a^2 + 2ab + b^2) - (a^2 - 2ab + b^2) = 4ab$，得到：

$$ab = \frac{(a+b)^2 - (a-b)^2}{4}$$

我们将任意两个数的乘积ab表示成了两个平方数的差。

事实上，如果我们已经记住了一些数的平方，比如从 1 到 20 所有数的平方，并且知道上面的公式，那么就很容易计算出任何两个 10 以内的数的乘积。从这个意义上说，通过记住九九乘法表来心算乘法是没有必要的，而只要记住从 1 到 20 的数的平方就够了。巴比伦的泥板书表明巴比伦人使用平方表来计算乘法，就像我们在这里介绍的一样，也就是将乘积转化为平方数的差。

求平方根的另一种方法

时至今日，谁会不使用计算器去求一个数的平方根呢？当然没有人会做这种事。然而，你可能很想知道在求一个数的平方根的过程中究竟发生了什么。这将让你在一定程度上摆脱对计算器的依赖。很多年以前学校教授的一般方法有些生硬，除了能获得答案之外，对学生来说没有什么意义。我们将介绍一种在学校里通常没有教过的方法，可以通过这种方法很好地理解平方根的含义。这种方法的妙处在于它能让你真正理解正在发生的事情，而不像计算器出现之前学校里教授的算法。

1690 年，英国数学家约瑟夫·拉斐逊（Joseph Raphson，1648—1715）首次在其著作《一般方程分析》（*Analysis alquationum universalis*）中发表了该方法，他在 1671 年完成的著作《流数法》（*Method of Fluxions*）中将其归因于艾萨克·牛顿（Isaac Newton，1643—1727），而这本书直到 1736 年才正式出版。因此，这种算法有个名字叫作牛顿-拉斐逊法。

我们最好在一个特定示例中演示一下该方法的应用。假设我们想求出 $\sqrt{27}$，这时可以使用计算器，你也可以猜测这个值是多少。当然，这个值在 25 的平方根和 36 的平方根之间，即在 5 和 6 之间，但是比较接近 5。

我们猜测这个值是 5.2。如果这是 27 的平方根的准确值，那么用 27 除以 5.2 时，我们会得到 5.2。但实际情况不是这样，因为 $\frac{27}{5.2} \neq 5.2$，所以 $\sqrt{27} \neq 5.2$。

为了找到更好的近似值，我们算出 $\frac{27}{5.2}$ 近似为 5.192。由于 $27 \approx 5.2 \times 5.192$，其中一个因数（本例中为 5.2）大于 $\sqrt{27}$，另一个因数（本例中为 5.192）小于 $\sqrt{27}$，因此，$\sqrt{27}$ 被夹在 5.2 和 5.192 之间，即 $5.192 < \sqrt{27} < 5.2$。所以，我们有理由相信这两个数字的平均值（也就是 $\frac{5.2+5.192}{2} = 5.196$）与 5.2 和 5.192 相比，是对 $\sqrt{27}$ 的更好的近似。

重复这一过程，每次都增添额外的小数位，以便得到更好的近似值。具体地说，$\frac{5.192+5.196}{2} = 5.194$，$\frac{27}{5.194} \approx 5.19831$。由此进一步得到一个关于 $\sqrt{27}$ 的更好的近似：$\frac{27}{5.19831} \approx 5.193996$，然后可得 $\frac{5.19831+5.193996}{2} = 5.1961530$。

这个不断重复的过程使我们深入到寻找非平方数的平方根的过程中，尽管这种方法看起来很麻烦，但确实能让我们真正理解平方根的意义。

数的大小比较之道

在当今的科技世界里，大数间的比较是学校课程里不应该被忽视的内容。有许多比较数的大小的方法，它们通常不是简单地以常见的十进制形式写出来的，而是以指数形式呈现的。我们将介绍其中一种方法，让你初窥门径，看看如何解决这些乍看起来无法攻克的难题。

我们面临的问题是：31^{11} 和 17^{14} 这两个数中哪个更大？为了回答这个问题，我们把这两个指数形式的数由不同的底放缩为相同的底。很明显，$31^{11} < 32^{11} = (2^5)^{11} = 2^{5\times11} = 2^{55}$，而 $17^{14} > 16^{14} = (2^4)^{14} = 2^{56}$。现在我们可以清楚地看到 $2^{56} > 2^{55}$，从而得出 $17^{14} > 31^{11}$ 的结论。由于这两个数都非常大，如果不把它们放缩成公共底的指数形式，就很难确定哪个更大。

另一个数的比较问题可以通过下面的例子给出。在 $\sqrt[9]{9!}$ 和 $\sqrt[10]{10!}$（其中阶乘表达式 $n! = 1 \times 2 \times 3 \times 4 \times 5 \times \cdots \times n$）中，哪一个表达式的值更大？在这个例子中，我们把这两个数都放大到原来的 90 次方，因为 90 是 9 和 10 的最小公倍数。

$$(\sqrt[9]{9!})^{90} = (9!)^{\frac{1}{9}\times90} = (9!)^{10} = (9!)^9 \times 9!$$

$$(\sqrt[10]{10!})^{90} = (10!)^{\frac{1}{10}\times90} = (10!)^9 = (9!)^9 \times 10^9$$

我们用上面的两个结果除以相同的数 $(9!)^9$，将分别得到 $9!$ 和 10^9。因为 $9!$ 的 9 个因数中的每一个都小于 10，因此，我们可以得出结论：$\sqrt[9]{9!} < \sqrt[10]{10!}$。我们再次注意到，寻找数之间的共性比实际计算更容易让我们比较这些天文数字的大小。

求最大公因数的欧氏算法

15 和 10 的最大公因数是多少？大多数人凭直觉知道答案是 5。这种直觉极有可能是通过学习乘法表和算术练习建立起来的。gcd(364, 270)是什么？（这个式子表示 364 和 270 的最大公约数。）此时，我们的直觉并没有像看到更熟悉的数 15 和 10 时那样灵敏。一种方法是对这两个数进行素因数分解，通过查看这两个数的素因数分解中都出现的各个素数的最小次幂来获得它们的最大公因数。另一种方法是欧几里得算法，简称欧氏算法。

考虑两个正整数 a 和 b，其中 $a > b$。当 a 除以 b 时，我们总是可以采用长除法来求余数，即 $a = qb + r$，其中 q 是商，r 是余数。设 $a = 364$，$b = 270$，然后计算 364 除以 270，得到 $364 = 1 \times 270 + 94$。欧氏算法的核心是 $\gcd(a, b) = \gcd(b, r)$。（a 和 b 的任何公因数肯定是 r 的因数，b 和 r 的任何公因数肯定也是 a 的因数）。在我们的例子中，$\gcd(364, 270) = \gcd(270, 94)$。

此时，通过长除法计算 270 除以 94，将得到 $270 = 2 \times 94 + 82$。如果我们令 $a = 270$，$b = 94$，那么请注意，前面介绍的关于最大公因数的结论仍然适用，$\gcd(270, 94) = \gcd(94, 82)$。重复这个过程，直到我们得到的余数为 0。

$94 = 1 \times 82 + 12$，所以我们有 $\gcd(94, 82) = \gcd(82, 12)$。

$82 = 6 \times 12 + 10$，所以 $\gcd(82, 12) = \gcd(12, 10)$。

$12 = 1 \times 10 + 2$，所以 $\gcd(12, 10) = \gcd(10, 2)$。

$10 = 5 \times 2 + 0$，所以 $\gcd(10, 2) = \gcd(2, 0)$。

但是 2 和 0 的最大公因数是 2，因为任何整数都是 0 的因数。也就是说，对于任意数 n，$0 = 0 \cdot n$。更明确地说，$2 = 1 \times 2$，$0 = 0 \times 2$，这表明 2 是 2 和 0 的公因数。很明显，2 是其自身所有因数中最大的，因此 $\gcd(2, 0) = 2$。

根据一系列等式，我们得到：$\gcd(364, 270) = \gcd(270, 94) = \gcd(94, 82) = \gcd(82, 12) = \gcd(12, 10) = \gcd(10, 2) = \gcd(2, 0) = 2$。

让我们用前面提到的素数分解法来检验这个结果，这下就得到了 $364 = 2^2 \times 7 \times 13$，$270 = 2 \times 3^3 \times 5$。它们唯一的公共素因数是 2，而且素因数分解显示 2 的最小幂次是 1，因此 $\gcd(364, 270) = 2^1 = 2$。

如果素因数分解法可用，我们为什么要使用欧氏算法呢？如果你能快速进行素因数分解，那么利用素因数分解法似乎就能更快地得到结果。"快速"就是关键所在。对于非常大的整数，素因数分解可能很难计算，或者计算效率很低。事实上，当今商业和互联网的安全性在很大程度上取决于判断一个较大的整数是否为素数的复杂性。如果仅仅想求两个数的最大公因数，那么使用欧氏算法就可以避免以上问题。

欧氏算法作为一种可以计算两个整数的最大公因数的算法，是非常古老而有效的。虽然依靠直觉，我们足以应对相对较小的整数的情况，但利用基于长除法的欧氏算法，我们可以计算一对不限大小的整数的最大公因数。

正整数和

你可能听过德国著名数学家卡尔·弗里德里希·高斯（Carl Friedrich Gauss，1777—1855）的童年故事，他在上小学时就表现出了非凡的天赋。他的数学老师给全班学生布置了从 1 到 100 的正整数相加的作业。老师希望这项作业能让学生们忙上一段时间。那时的高斯只是个小男孩！令老师惊讶的是，他只用了几秒钟就完成了计算，并且是班上唯一一个得到正确答案的人。

年轻的高斯解释说，他没有像其他学生那样按顺序把各个数字相加，而是意识到这 100 个数可以两两配对，如 1 + 100，2 + 99，3 + 98，4 + 97，等等。他发现共有 50 对数，每对的和都是 101，因此，要求的总和为 50 × 101 = 5050。

可以用高斯的方法推导出 $1 + 2 + 3 + \cdots + n = \dfrac{n(n+1)}{2}$ 这个求和公式，其中 n 是任意正整数。要得到这个公式，也有其他简单的方法，这些方法可能没有在学校教学中展示过。

在图 1.1 中，最下面的一行和最右侧的一列中各有 n 个正方形。

图 1.1 中的"阶梯"表示 $1 + 2 + 3 + \cdots + n$。要看出这一点，请将"阶梯"拆分为若干竖直的列。从左往右看，最左边的一列中有 1 个正方形，第二列有 2 个正方形，第三列有 3 个正方形，以此类推。最后一列有 n 个垂直堆叠的正方形，每个正方形的边长均为 1。"阶梯"的面积是各列面积的和，因此"阶梯"的面积为 $1 + 2 + 3 + \cdots + n$。

将一个反向的"阶梯"与原来的"阶梯"拼接在一起，形成图 1.2 所示的矩形，则该矩形的面积为 $n(n+1)$。有阴影和无阴影的"阶梯"具有相同的面积，因此，将矩形的面积一分为二，每个"阶梯"的面积均为 $\dfrac{n(n+1)}{2}$。回想一下，"阶梯"代表从 1 到 n 的整数之和。因此，我们可以得出结论：$1 + 2 + 3 + \cdots + n = \dfrac{n(n+1)}{2}$。

这个求和公式可以用不同的方法来证明，其中最著名的可能就是高斯小时候所用的方法。对于那些喜欢视觉感受的人来说，"阶梯法"用另一种优雅的方式展示了这个公式为何成立。

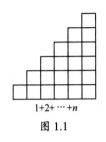

图 1.1

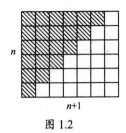

图 1.2

奇数之和

一些简单的计算有时足以揭示数字中的一些令人惊讶的定式。先看 $1 = 1^2$，1 是一个完全平方数，也就是一个等于两个相等的整数乘积的数。再看 $1 + 3 = 4 = 2^2$，4 也是一个完全平方数。继续看 $1 + 3 + 5 = 9 = 3^2$，9 还是一个完全平方数。这种平方数的定式可以推广开来。

我们可以使用图 1.3 所示的图形来理解这个定式。

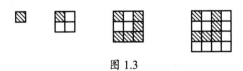

图 1.3

从左到右，我们构造的正方形越来越大。每前进一步，我们都会在右下角添加一个新的反 L 形条块，得到一个更大的正方形。原来左上角的正方形和附加的反 L 形条块的面积之和等于整个正方形的面积。例如，最右侧的正方形面积为 $1 + 3 + 5 + 7 = 16 = 4^2$，其中 1 和 5 是阴影部分的面积，3 和 7 是空白部分的面积。这些反 L 形条块（和最初的正方形）的面积都是奇数，这些奇数的和等于整个正方形的面积，从而验证了我们考虑的奇数和等于平方数的算术命题是正确的。

我们也可以用另一种方法构造这个定式。与其将奇数相加得到平方数,不如考虑表 1.5 中的平方数,注意奇数出现的位置。

表 1.5

n	n^2	和式
0	0	$0 + 1 = 1$
1	1	$1 + 3 = 4$
2	4	$4 + 5 = 9$
3	9	$9 + 7 = 16$
4	16	$16 + 9 = 25$

表 1.5 可以帮助我们看到另一种定式。从上一行到下一行,我们把一个奇数加到一个完全平方数上,就得到了下一个完全平方数。我们注意到第三列中的数相对于第二列发生了相应的变化,从而给出下一个完全平方数。从第一行到第二行,我们有 $0 + 1 = 1$;从第二行到第三行,有 $1 + 3 = 4$;从第三行到第四行,有 $4 + 5 = 9$;第四行到第五行,有 $9 + 7 = 16$。换言之,相邻两个完全平方数的差值是按顺序排列的奇数,正如我们在上面的几何证明中所看到的那样。注意,从最后一行向上看,有 $25 - 16 = 9$,$16 - 9 = 7$,$9 - 4 = 5$,$4 - 1 = 3$,$1 - 0 = 1$。因此,从 1 开始,我们可以将这些差值相加得到 16;即 $1 + 3 + 5 + 7 = 16$。这再次让我们注意到连续奇数之和是一个平方数。

如果你喜欢直观地学习知识,这样的证明可能就会有很大的帮助。对于那些喜欢代数的人来说,也不用灰心,以上想法可以用代数的方式来证明。对于某个非负整数 n,考虑两个相邻的平方数 n^2 和 $(n + 1)^2$,可按以下方式计算它们的差值。

$$(n + 1)^2 - n^2 = n^2 + 2n + 1 - n^2 = 2n + 1$$

请注意,这个差值化简为 $2n + 1$,当 n 为非负整数时,这是一个奇数。

理解奇数之和与完全平方数之间的联系并不需要高深的数学知识,掌握了初等计算就能够理解这个定式。将平方数表、一些简单的几何构造和一点点代数运算结合到一起,就得到了这个奇妙的数字定式。

无限小数

无限小数是指小数点后有无限多位数字的数。它们出现在各种各样的情景中，其中一些情景肯定是你所熟悉的。例如，将一个整数除以另一个整数，计算某个整数的平方根，就可能会得到无限小数。两个最重要的数学常数 e（2.718281…）和 π（3.141592…）也是无限小数，它们在小数点后有无限多位数字。当遇到无穷大的数学概念时，人类的直觉常常会失效。关于无限小数，有许多惊人而重要的发现，相信其中很可能有你并不知道的。

循环小数

用纸笔算两个整数的除法是我们所熟悉的初等算术中的一个基本问题，结果可能是有限小数（例如 $\frac{21}{7} = 3$，$\frac{7}{4} = 1.75$），也可能是小数部分由重复的数字序列组成的小数（例如 $\frac{7}{3} = 2.\overline{3} = 2.333333\cdots$）。请注意，3 的上面的横线表示这个数字无限重复，即有无限多个。这个问题的逆命题有时不太受重视，即给定一个带小数部分的十进制数，我们如何写出这个数所代表的分数呢？如果这个数是一个有限小数，那就非常简单，但如果这个数是像 1.428574285742857…这样的呢？乍一看，并不很清楚如何把这个数转换成一个分数。就算使用小型计算器可能也没什么帮助。我们只要运用一个小技巧，就可以不费吹灰之力地完成这个任务。首先，我们需要知道这个数中重复部分的"长度"，并用位数表示。例如，$x = 1.\overline{42857}$ 的重复部分长达 5 位。将 x 乘以 10 的相应次幂，然后从结果中减去 x，就能直接导出 x 的分数形式。在我们的例子中，有 $x = 1.\overline{42857}$，由于重复部分为 5 位数字，我们用 x 乘以 10^5 得到：$100000x = 142857.\overline{42857}$。

用第二个方程减去第一个方程，得到 $100000x - x = 142856$。由此，我们得到 $99999x = 142856$，因此，$x = \frac{142856}{99999}$；而且不能再化简了。将此转换过程应用于循

环小数 $0.\overline{9} = 0.999999\cdots$，将揭示一个数的十进制表示形式并不总是唯一的。对于 $x = 0.\overline{9}$，我们得到 $10x = 9.\overline{9}$。通过减法，我们得到 $9x = 9$，即 $x = 1$。这意味着 $0.\overline{9} = 1$，$0.\overline{9}$ 实际上只是 1 的另一种表示形式。在直觉上，你可能会认为 $0.\overline{9}$ 应该比 1 小一点，但事实并非如此（正如我们刚刚证明的那样）。在处理无限序列时，我们不能总是相信自己的直觉。

无理数

如果无限小数没有重复出现的数字，则它们不能被写成分数。这样的数不再是一个有理数，我们称其为无理数。比如，e 和 π 都是无理数。当一个自然数不是平方数时，它的平方根就是无理数。例如，$\sqrt{2}$，$\sqrt{3}$，$\sqrt{5}$，$\sqrt{6}$，$\sqrt{7}$，$\sqrt{8}$，$\sqrt{10}$，$\sqrt{11}$ 都是无理数，它们的小数形式的小数部分是一个无限长的、不重复的数字序列。显然，我们不可能知道 π、e 和 $\sqrt{2}$ 的十进制值，因为它们无限长，而且没有任何明显的规律。

数学家总是在 π 的十进制近似值中寻找定式，有时确实可以找到一些。例如，英国数学家约翰·康威（John Conway，1937—2020）指出，如果把 π 的十进制值分成每 10 位数字一组，那么 0 到 9 中的每一个数都在同一组中出现的概率大约是 1/40000。他随后指出，这种情况确实发生在第七组的 10 位数字上，你可以从下面的分组形式中看到。

$$\pi = 3.1415926535\ 8979323846\ 2643383279\ 5028841971\ 6939937510$$
$$5820974944\ \mathbf{5923078164}\ 0628620899\ 8628034825\ 3421170679$$
$$8214808651\ 3282306647\ 0938446095\ 5058223172\ 5359408128\cdots$$

随着计算能力的提高，π 的近似值的精度不断提高。人们计算到了 π 值的第 22459157718361（约 22.5 万亿）位，但很可能在你了解到这个消息的时候，这个纪录已经被打破了。无理数不仅对计算机是一个挑战，对喜欢记忆数字的人也是一个挑战。信不信由你，甚至有记忆 π、e 和 $\sqrt{2}$ 的各位数字的世界排名。截至 2017 年 3 月，π 的记录由苏雷什·库马尔（Suresh Kumar）创造，他能够背诵其前 70030

位数字，并且很可能在你读到这里的时候他已经被超越。经常被忽视的是，并非所有无理数的十进制表示法都难以记忆。例如，看看这个数：0.1234567891011 21314151617181920212223242526272829303132333 34…。

　　你能看出这个序列是怎么延续的吗？这个数被称为钱珀瑙恩常数，是以英国数学家 D.G.钱珀瑙恩（D. G. Champernowne，1912—2000）的名字命名的，他在 1933 年还是个本科生时发表了这个数。它的小数部分是通过将所有正整数按顺序排列起来得到的，每个人都可以立即写下这个数。注意，任何有限的数列都会出现在这个数的某个位置。事实上，有限数列在钱珀瑙恩常数中甚至会无限次地反复出现。如果我们分别用 1、2、3、4 表示 DNA 分子中的四种碱基，那么你的遗传密码（DNA 碱基序列）就与一个有限的数字序列相对应，而这个数字序列会与钱珀瑙恩常数给你的无穷数列中的某一部分完全一致。当然，地球上任何其他生物的 DNA 分子都是如此。这可能很难让人相信，但它只是由无限概念和钱珀瑙恩常数定义得到的简单推论（并不意味着这个数字有任何特殊意义）。

　　钱珀瑙恩常数的这些看似奇怪的特征再一次说明了无限序列（以及无限的一般数学概念）与我们在现实生活中所经历的一切是完全不同的。你只有习惯这样的概念，才不会对伴随它们而来的那些违反直觉的现象感到困惑。

数字宇宙中的原子

　　在化学课上，我们学习过元素周期表，它包含所有已知的化学元素，其中一些仅能在实验室中产生，而在自然界中不存在。据我们所知，从最轻的元素氢到最重的元素钚，宇宙中所有可见物质都由 94 种不同的自然化学元素组成。有 24 种更重的元素是人工合成的，它们的半衰期极短，无法在自然界中观察到。94 种天然化学元素，可以看作世界的基本组成单元。每一块物质都可以分解成有限数量的原子，每个原子都属于某一种元素。例如，一滴水是由大量的水分子组成的，每个水分子由两个氢原子和一个氧原子组成。因此，水滴中含有一定数量的氧原子和氧原子数量两倍的氢原子。类似地，我们可以将每一个孤立的物质团块分解成单个原子，并根据这些原子所属的化学元素对它们进行分类。原子这个词是由古希腊哲学家创造的，意思是"不可分割之物"，是构成物质的最小单元。在古希腊时期，哲学、物理学和数学不是独立的学科，它们都属于自然哲学，即关于自然和物理宇宙的哲学研究。古希腊哲学家还注意到最小的、不可分割的单元也存在于数字世界中。它们现在被称为素数——从拉丁语 "*numerus primus*"（意思是"第一个数"）而来。素数是自然数，有且只有两个自然数为其因数（该素数本身和 1）。根据这个定义，1 不是素数，因为它除了自身之外没有其他因数。

正如一块物质可以分解成单个原子，每个原子对应一种特定的化学元素一样，每一个大于 1 的整数也可以分解成不可进一步分解的因数，每个因数就是一个特定的素数。自然界中只有 94 种不同的天然化学元素，但素数有无穷多个。尽管素数有无穷多个，但整数关于其素因数的分解形式是唯一的，就像将物质分解成原子一样。这个重要的定理叫作算术基本定理。此定理的证明最早由亚历山大的欧几里得（Euclid，前 330—前 275）在他的著作《几何原本》中给出。虽然从数学的观点来看，证明是基础的，但在这里我们不作介绍，因为这需要一些并非所有读者都熟悉的特殊符号。我们将尝试启发式地推导和解释这一定理。

算术基本定理

任意给定一个大于 1 的整数，那么这个数要么是一个素数（也就是说它除了 1 和本身之外没有别的因数），要么不是一个素数。如果它是一个素数，则这个数本身就代表了它唯一的素因数分解形式。然而，如果这个数不是素数，那么我们就可以把它分解成素因数，从而得到一定数量的素因数相乘的形式。我们称这种不是素数的整数为合数。图 1.4 展示了前 40 个比 1 大的合数的素因数分解。表中"缺失"的数是素数 2，3，5，7，11，13，17，19，23，29，31，37，41，43，47，53，它们的素因数就是其自身。

$4 = 2^2$	$20 = 2^2 \times 5$	$33 = 3 \times 11$	$46 = 2 \times 23$
$6 = 2 \times 3$	$21 = 3 \times 7$	$34 = 2 \times 17$	$48 = 2^4 \times 3$
$8 = 2^3$	$22 = 2 \times 11$	$35 = 5 \times 7$	$49 = 7^2$
$9 = 3^2$	$24 = 2^3 \times 3$	$36 = 2^2 \times 3^2$	$50 = 2 \times 5^2$
$10 = 2 \times 5$	$25 = 5^2$	$38 = 2 \times 19$	$51 = 3 \times 17$
$12 = 2^2 \times 3$	$26 = 2 \times 13$	$39 = 3 \times 13$	$52 = 2^2 \times 13$
$14 = 2 \times 7$	$27 = 3^3$	$40 = 2^3 \times 5$	$54 = 2 \times 3^3$
$15 = 3 \times 5$	$28 = 2^2 \times 7$	$42 = 2 \times 3 \times 7$	$55 = 5 \times 11$
$16 = 2^4$	$30 = 2 \times 3 \times 5$	$44 = 2^2 \times 11$	$56 = 2^3 \times 7$
$18 = 2 \times 3^2$	$32 = 2^5$	$45 = 3^2 \times 5$	$57 = 3 \times 19$

图 1.4

根据素数的定义，每一个大于 1 的合数都可以分解为若干个素数的乘积，这一点并不奇怪。一个合数一定有除了 1 和它本身以外的整数因数，因此它可以进行因数分解，也就是说写成几个因数的乘积的形式（例如 $12 = 4 \times 3$）。如果这些因数中的任何一个不是素数，它就可以被分解成更小的因数相乘，以此类推。当所得到的因数都不能进一步分解，即它们都是素数时（例如，$12 = 2 \times 2 \times 3 = 2^2 \times 3$），分解过程就停止了。所以，任一合数都可以表示为素数的积。同时，算术基本定理也指出这种分解是唯一的（因数的排列顺序并不重要，例如 $12 = 2 \times 2 \times 3 = 2 \times 3 \times 2 = 3 \times 2 \times 2$）。例如，$2016 = 2^5 \times 3^2 \times 7$，没有其他方式可以将 2016 表示为不同素数的乘积。不依赖因数分解的方式（通过使用特定的算法或简单地采用试错策略），我们最终得到的结果都包含五个 2、两个 3 和一个 7。

素因数分解真的特别吗

另一种理解算术基本定理的方式是把它看作关于整数的"合成"而不是"分解"的描述，即所有大于 1 的整数都可以通过素数相乘来构造或"合成"。对于每个大于 1 整数，都只有一个表示这个整数的特殊素数组合。因此，素数确实可以被看作整数的基本构造单元（或"原子"）。

有人可能会说，整数也可以通过添加 1 这个唯一的数来构造，例如 12 = 1 +

$1+1+1+1+1+1+1+1+1+1+1+1$，因此 1 可以被称为所有整数的构造单元。但是这与素因数分解有一个根本的区别，如果我们想让 1 的和变成 12，我们就需要 12 个 1。更一般地说，如果我们想把整数 N 表示为 1 的和，我们就需要 N 个 1。所以，我们实际上需要利用 N 本身来把 N "构造"成 1 的和。事实上，把 N 表示成 1 的和并不能提供关于 N 的任何附加信息，这在本质上只是这个数的另一种表示方式（比如用罗马数字来表示这个数）。当素因数相乘时，素数本身"构造"了整数 N。例如，为了得到 12，素因数分解 $2^2 \times 3$ 已经包含了所有的信息，不需要更多的信息。

数的原子

正如我们在前面所指出的，所有的分子（更一般地说，所有的物质）都由不同化学元素的特定数量的原子构成。类似地，每一个大于 1 的整数都由特定数目的不同素数"合成"。我们可以用化学式表示分子，例如 H_2O 代表水分子（表示两个氢原子和一个氧原子构成一个水分子）。类似地，每一个大于 1 的整数都可以表示为素数的唯一乘积，即这个数的素因数分解只有一种形式。表达式 $2^5 \times 3^2 \times 7$ 代表数字 2016 与化学式 H_2O 表示水分子具有异曲同工之处。

素因数分解的应用

2000 多年来，素数和算术基本定理似乎没有什么实用价值。这一点直到计算机技术出现以后才有了改变。算术基本定理没有给出如何得到整数的素因数的线索，它只保证这种分解方式存在。虽然存在将整数分解为素因数的系统方法，但这种方法所需的运算量随着给定整数的位数的增加而迅速增加。分解位数较多的整数只有在计算机的帮助下才有可能完成。如果要分解的数字实在太大（比如几百位数字），即使对于最强大的超级计算机来说，素因数分解也几乎是不可能完成的，因为耗费的时间会非常多。许多用于安全数据传输的公钥密码系统都是基于这一情况的。在公钥密码学中，每个用户都有一对加密密钥——一个公开加密密钥和一个私有解密密钥。公开加密密钥可以被广泛地分发，而私有解密密钥只有其所有者才知道。公钥密码技术的一个典型应用是在金融交易中使用数字签名来确保数字信息的真实性。在加密密钥和解密密钥之间有一种数学关系，但是根据公钥计算私钥是不可行的，因为这需要找到一个非常大的数的所有素因数。因此，这种密码系统的安全性直接取决于大数分解的难度。有趣的是，若设想中的量子计算机（直接利用量子力学现象的计算系统）有一天真的出现了，那么它就可以快速完成大数的素因数分解。美国数学家彼得·威廉·秀尔（Peter Williston Shor，1959—）证明了这一点，他为量子计算机开发了一种算法，这种算法的运行速度比目前已知的在经典计算机上运行的算法要快得多。当然，对于经典计算机来说，并不是没有高效的素因数分解算法，只是人们还没有找到而已。

数与数之间的乐趣

今天的学校教学似乎非常注重对学生进行测试，这使得许多教师都在努力教学生通过这些考试。鼓励教师用数字的奇妙之处来激发学生的兴趣，会让人耳目一新。坦率地说，花时间介绍这些数字间的相互联系是有好处的，这展示了隐藏在我们的数字系统中的美，能够激励学生学习数学的兴趣。这些意想不到的联系有着近乎无穷的表现力，我们将在这里介绍其中一些来博君一笑，并希望能激励你在数学中发现更多这样的智慧之美。

让我们从一类特殊的数开始。把一个这样的数的每一位数字取三次幂再加起来，所得到的和等于原来的数。

$$407 = 4^3 + 0^3 + 7^3$$
$$153 = 1^3 + 5^3 + 3^3$$
$$371 = 3^3 + 7^3 + 1^3$$

四次幂和五次幂也有类似的情况。

$$1634 = 1^4 + 6^4 + 3^4 + 4^4$$
$$4150 = 4^5 + 1^5 + 5^5 + 0^5$$

还有许多其他的数也可以表示为每一位数字的同次幂之和。我们一起开始搜索吧。首先给你一条线索，这样的数里有 8208，它可以表示为各位数字的相同次幂之和。至于这个幂次是多少，这个问题留给你尝试一下。

我们可以再研究一类数。我们一次考虑的数有两个，它们以类似于上面的方式相互关联，确切地说，其中每个数都可以表示为另一个数的各位数字的某一相同次幂之和。136 和 244 两个数具有以下关系：$136 = 2^3 + 4^3 + 4^3$，我们用等式右边的三个幂的底组成数 244，而 $244 = 1^3 + 3^3 + 6^3$，它的底又给出了原来的数 136。

由 204^2 的值可以发现另一种不寻常的与幂有关的形式，204^2 等于三个连续数字取三次幂的和，即 $204^2 = 23^3 + 24^3 + 25^3$。

更进一步，我们考虑数字 8000，它可以表示为 4 个连续数的三次幂的和，即 $8000 = 20^3 = 11^3 + 12^3 + 13^3 + 14^3$。

其他一些数也可以表示为连续数字的相同次幂之和。在开始寻找之前，我们再举一个例子。

$$4900 = 70^2 = 1^2 + 2^2 + 3^2 + 4^2 + 5^2 + 6^2 + \cdots + 20^2 + 21^2 + 22^2 + 23^2 + 24^2$$

现在考虑指数连续的情形。还有一些数等于其各位数字以连续数为幂次的幂的和，例如：

$$135 = 1^1 + 3^2 + 5^3$$
$$175 = 1^1 + 7^2 + 5^3$$
$$518 = 5^1 + 1^2 + 8^3$$
$$598 = 5^1 + 9^2 + 8^3$$

把一个数表示为某些数的幂的和也带给了我们更多的乐趣，其中有些相当巧妙。1772 年，著名的瑞士数学家莱昂哈德·欧拉（Leonhard Euler，1707—1783）发现 $59^4 + 158^4 = 635318657 = 133^4 + 134^4$。这种形式可以扩展到另一个数 6578，它可以两种不同的方式表示成三个四次幂的和，即 $6578 = 1^4 + 2^4 + 9^4 = 3^4 + 7^4 + 8^4$。这也是满足此形式的最小的数。

我们也可以将某些数表示为相同次幂之和（幂次小于 4）。

$$65 = 8^2 + 1^2 = 7^2 + 4^2$$
$$125 = 10^2 + 5^2 = 11^2 + 2^2 = 5^3$$
$$250 = 5^3 + 5^3 = 13^2 + 9^2 = 15^2 + 5^2$$
$$251 = 1^3 + 5^3 + 5^3 = 2^3 + 3^3 + 6^3$$

还有一个不寻常的幂和，其中每个数与原数的幂次相同，如下所示。

$$102^7 = 12^7 + 35^7 + 53^7 + 58^7 + 64^7 + 83^7 + 85^7 + 90^7$$

你也许觉得这样的数很有趣，它等于由其两个数位上的数字组成的所有两位数的总和。我们的例子是 132，132 = 12 + 13 + 21 + 23 + 31 + 32。这也是满足该要求的最小的数。

我们的数字系统中存在着无穷无尽的奇妙形式，但是似乎难得有一个好机会把它们介绍给学生或公众。然而，只要你找到更多这样的形式，就会觉得它既有趣又有启发性，能为我们开启一个思考数学的新角度。

亲和数

我们以前提到，学校开设的数学课程几乎没有足够的课时来展示数字所具有的一些非比寻常的特性，而这些特性恰恰是几个世纪以来数学家进行研究的灵感之源。有些数之间的共性是我们所熟悉的。例如，偶数都可以被 2 整除，奇数不能被 2 整除。这些是比较常见的关系。然而，也有些数之间的关系很不寻常，其中一类称为亲和数。两个数字之间的"亲和"指的是什么呢？数学家认为在以下情形中两个数是亲和的（在更复杂的文献中有时使用另一个词"amicable"，即友好的）：一个数的真因数[1]之和等于第二个数，而第二个数的真因数之和等于第一个数。听起来很复杂？其实不是，要搞懂这个概念，只需看看最小的一对亲和数——220 和 284。其中，**220** 的真因数是 1，2，4，5，10，11，20，22，44，55，110，它们的和是 1 + 2 + 4 + 5 + 10 + 11 + 20 + 22 + 44 + 55 + 110 = **284**。而 **284** 的真因数是 1，2，4，71，142，它们的和是 1 + 2 + 4 + 71 + 142 = **220**。因此，这两个数是一对亲和数。

第二对亲和数是 17296 和 18416，这是由著名的法国数学家皮埃尔·德·费马（Pierre de Fermat，1601—1665）发现的。为了建立它们之间的亲和关系，我们需要找出每个数的所有素因数：$17296 = 2^4 \times 23 \times 47$，$18416 = 2^4 \times 1151$。然后，我们需要从这些素因数出发构造所有真因数。17296 的真因数之和为：$1 + 2 + 4 + 8 + 16 + 23 + 46 + 47 + 92 + 94 + 184 + 188 + 368 + 376 + 752 + 1081 + 2162 + 4324 + 8648 = 18416$。18416 的真因数之和是：$1 + 2 + 4 + 8 + 16 + 1151 + 2302 + 4604 + 9208 = 17296$。

我们再一次看到，17296 的真因数之和等于 18416，反过来，18416 的真因数之和等于 17296。这样看来，这两个数就成为一对亲和数。

这样的亲和数对还有很多，以下几对亲和数供你参考。

1184 和 1210

2620 和 2924

5020 和 5564

6232 和 6368

10744 和 10856

9363584 和 9437056

111448537712 和 118853793424

要是你的决心足够大，你当然可以亲自验证以上亲和数对！

我们在数字之间总是可以寻找到有趣的关系。知道了亲和数的定义以后，通过一点创新，我们可以在数字之间建立另一种形式的"友好"关系。其中有些真的令人难以置信，比如 6205 和 3869。

乍一看，这两个数字之间似乎没有明显的关系，但只需要有点运气和想象力，我们就能得到一些奇妙的结果：$6205 = 38^2 + 69^2$，与 $3869 = 62^2 + 5^2$。

我们甚至可以找到另一对具有类似关系的数：$5965 = 77^2 + 6^2$，与 $7706 = 59^2 + 65^2$。

除了这种美妙的形式之外，这些例子中没有多少数学知识。然而，这种数与数之间的关系确实令人惊叹，值得一提。数学里还有其他隐藏的宝藏，但你若只是泛泛地学习，则大多只会入宝山空回而不自知！

回文数

在整个数学教学中，一般的学校课程呈现给学生的关于数字类型的内容是相当有限的。当然，学生知道奇数、偶数、素数乃至我们将在本章后面讨论的完美数。然而，还存在其他类型的数，它们具有独特而往往被忽视的性质，比如有些数从两个方向看是一样的。这样的数称为回文数，它们从左到右读与从右到左读是相同的。首先，回想一下，回文是从左右两个方向读时内容都相同的单词、短语或句子。图1.5 给出了一些有趣的回文。

A
EVE
RADAR
REVIVER
ROTATOR
LEPERS REPEL
MADAM I'M ADAM
STEP NOT ON PETS
DO GEESE SEE GOD
PULL UP IF I PULL UP
NO LEMONS, NO MELON
DENNIS AND EDNA SINNED
ABLE WAS I ERE I SAW ELBA
A MAN, A PLAN, A CANAL, PANAMA
A SANTA LIVED AS A DEVIL AT NASA
SUMS ARE NOT SET AS A TEST ON ERASMUS
ON A CLOVER, IF ALIVE, ERUPTS A VAST, PURE EVIL; A FIRE VOLCANO

图 1.5

数学中的回文数是指类似于 666 和 123321 的数，它们从两个方向上看都是相同的。例如，11 的前 4 次方是回文数。

$$11^0 = 1$$
$$11^1 = 11$$
$$11^2 = 121$$
$$11^3 = 1331$$
$$11^4 = 14641$$

由随机选择的数生成回文数是很有趣的。你所需要做的就是不断把一个数加到它的反数上（也就是按原数的各位数字的相反顺序写出的数），直到得到一个回文数。例如，当起始数为 23 时，通过一次加法就可以得到回文数：23 + 32 = 55。有时可能需要两个步骤，比如当起始数是 75 时，75 + 57 = 132，132 + 231 = 363，363 是一个回文数。有时可能需要三个步骤，比如起始数为 86 时，86 + 68 = 154，154 + 451 = 605，605 + 506 = 1111。这样，我们最终得到一个回文数 1111。如果我们从 97 开始构造，则需要 6 个步骤才能得到一个回文数；而如果从 98 开始构造，则需要 24 个步骤才能得到一个回文数。

注意，不要用 196 作为起始数，因为即使经过 300 万次与反数的加法运算，也没能产生一个回文数。我们仍然不知道由这个起始数是否会得到回文数。当你试着用 196 来进行这种计算时，结果你会经过第 16 次加法运算后得到 227574622；当起始数字是 788 时，你也会在第 15 次加法运算时得到这个数。这就意味着 788 这个数在上面这种运算中尚未被证明可以产生一个回文数。事实上，在最小的 100000 个自然数中，有 5996 个数我们还不能证明通过与反数相加会得到回文数，如 196，691，788，887，1675，5761，6347，7436。

在这种与反数相加的运算过程中，我们发现一些数在同样多次的运算后产生了相同的回文数，例如 554，752，653，它们都通过三个步骤产生了回文数 11011。一般来说，对于两个整数，若关于中间位上的 5 对称的数位上的数字之和相同，则二者通过同样多次的运算后会产生相同的回文数。然而，还有其他整数也会产生相同的回文数，但运算次数不同。例如，198 经过 5 次运算后产生回文数 79497，而 7299 经过两次运算后也产生了这个回文数。

对于 $a \neq b$ 的两位数 ab，其各位上的数字之和 $a + b$ 决定了产生回文数所需的运算次数。如果结果小于 10，那么只需要一次运算就可以得到回文数，例如 25 + 52 = 77。如果结果是 10，比如起始数是 73，则有 73 + 37 = 110。在这种情况下，$ab + ba = 110$，110 + 011 = 121，需要两次运算才能产生一个回文数。结果为 11，12，13，14，15，16，17 时，得到回文数所需的运算次数分别为 1，2，2，3，4，6，24。

如果把关于回文数的讨论作为课程的一部分，我们就会看到回文数的一些有趣的形式。比如说，一些回文数平方后会产生另一个回文数。例如，$22^2 = 484$，$212^2 = 44944$。这些都是特殊情况，不是一般规律。例如，如果我们对回文数 545 取平方，则有 $545^2 = 297025$。很明显，此时得到的不是回文数。如你所料，也有非回文数在取平方后产生一个回文数的情形，如 $26^2 = 676$，$836^2 = 698896$。这些只是由数而来的一些娱乐活动，在学校课程中常常被忽视。讨论这些看起来很有趣的话题，能让学生体验到学习数学的乐趣。这样，老师不仅可以更好地鼓励学生来欣赏数学，而且为理解这样一门经常被视为枯燥、机械、有时重复的学科提供了一个有益的角度。这会使我们想去寻找数学中有意思的内容，以进一步提高自己的欣赏水平。

实际上，我们可以把回文数的概念进一步聚焦到一类特殊的回文数上，一种完全由 1 组成的回文数（称为循环整数）。所有小于 1111111111 的循环整数在取平方时，都会产生回文数，例如 $1111^2 = 1234321$。一些回文数在取立方时，也会产生回文数。所有形如 $n = 10^k + 1$（$k = 1, 2, 3, \cdots$）的数都属于这一类。对 n 取立方时，将得到一个回文数，在 1，3，3，1 中每两个数之间有 $k - 1$ 个零。

当 $k = 1$，$n = 11$ 时，我们有 $11^3 = 1331$。

当 $k = 2$，$n = 101$ 时，我们有 $101^3 = 1030301$。

当 $k = 3$，$n = 1001$ 时，我们有 $1001^3 = 1003003001$。

我们可以继续归纳，得到一些有趣的形式。例如，设一个数 n 由三个 1 和任意偶数个 0 组成，其中 0 对称地分布在 1 之间，那么对 n 取立方时将得到一个回文数。

$$111^3 = 1367631$$
$$10101^3 = 1030607060301$$
$$1001001^3 = 1003006007006003001$$
$$100010001^3 = 1000300060007000600030001$$

更进一步，我们发现当 n 由四个 1 以及一些 0 组成时，即使 1 之间的数位上 0 的数量不同，n^3 仍是回文数。

$$11011^3 = 1334996994331$$

$$10100101^3 = 1030331909339091330301$$

但是，当 1 之间出现相同数量的 0 时，该数字的立方不会产生回文数，如 $1010101^3 = 1030610121210060301$。事实上，2201 是唯一一个小于 280000000000000、进行立方运算时会得到一个回文数的非回文数，$2201^3 = 10662526601$。

还可以考虑以下有趣的回文数形式。

$$12321 = \frac{333 \times 333}{1+2+3+2+1}$$

$$1234321 = \frac{4444 \times 4444}{1+2+3+4+3+2+1}$$

$$123454321 = \frac{55555 \times 55555}{1+2+3+4+5+4+3+2+1}$$

$$12345654321 = \frac{666666 \times 666666}{1+2+3+4+5+6+5+4+3+2+1}$$

......

当然，回文数还有非常多值得欣赏的地方，即使只介绍我们在这里提到的这些内容，也可能会占用学校课程相当多的时间。不过，这种课程时间的投入是一种长远的投资，收益是让学生能以更高的积极性学习数学。

素　数

素数在学校课程中经常被提及。正如我们在前面所介绍的，素数的定义十分清晰，它指的是那些只能被 1 和它自己整除的数。素数从小到大依次为 2，3，5，7，11，13，17，19，…。有个问题：1 是不是素数？它似乎满足了只可以被 1 和它本身整除的标准。然而，数学家的选择是从素数列表中去掉 1，其中一个原因是我们认同每一个合数都可以唯一地表示为素数的乘积。例如，30 这个数可以唯一地表示为素数的乘积 $2 \times 3 \times 5$。如果我们认为 1 是素数，那么我们就无法将 30 这个数唯一地表示为素数的乘积，因为这时可以用多种方式表示 30 这个数，例如 $1 \times 1 \times 1 \times 2 \times 3 \times 5$，$1 \times 1 \times 2 \times 3 \times 5$。因此，1 不是素数。在素数列表中还有一个独一无二的素数，即唯一的偶素数，也就是 2 这个数。

我们注意到一些素数是可逆素数。当把一个可逆素数各数位上的数字反转后，也会得到一个素数，例如 13 和 31，17 和 71，37 和 73，79 和 97，107 和 701，113 和 311，149 和 941，157 和 751。

回文数中有一些可逆素数，例如 2，3，5，7，11，101，131，151，181，191，313，353，373，383，727，757，787，797，919，10301，10501，10601，11311，11411，12421，12721，12821，13331。

此外，还存在同样是素数的循环整数（即我们讨论过的仅由 1 组成的数），例如 11，1111111111，11111111111。后续的两个这样的循环整数由非常多个 1 组成。具体地说，这两个数分别有 317 个和 1031 个数位，其数位上的数字都是 1。

有些素数具有一个特征，那就是它们的各位数字的任意排列也会形成一个素数。这类素数从小到大依次为 2，3，5，7，11，13，17，31，37，71，73，79，97，113，131，199，311，337，373，733，919，991，…。我们相信，更大的这类素数是循环整数。

还有一些素数，即使它们的各位数字以循环方式移动，得到的数仍然是素数。例如，素数 1193 的各位数字可以“转”成以下数字：1931，9311，3119。由于这些数都是素数，我们称 1193 为循环素数。其他这样的循环素数有 2，3，5，7，11，13，17，31，37，71，73，79，97，113，131，197，199，311，337，373，719，733，919，971，991，1193，1931，3119，3779，7793，7937，9311，9377，11939，19391，19937，37199，39119，71993，91193，93719，93911，99371。

一直以来，素数之间的关系也吸引着数学家，其中之一就是任意两个素数之间的数的个数。例如，当两个素数中间只有一个数时，它们被称为孪生素数。从小算起，这样的孪生素数对有 3 和 5，5 和 7，11 和 13，17 和 19，29 和 31，等等。我们应该注意到，只有一对素数是连续的两个数，即 2 和 3，因为 2 是唯一的偶素数。

我们也可以找一些素数来“娱乐”一下。例如，存在一类可加素数，它们的各位数字之和也是素数。2，3，5，7，11，23，29，41，43，47，61，67，83，89，101，113，131 就属于这类素数。

也有一些素数是两个连续的数的平方和。这些所谓的"连续平方和"素数有：5，13，41，61，113，181，313，421，613，761，1013，1201，1301，1741，1861，2113，2381，2521，3121，3613，4513，5101，7321，8581，9661，9941，10531，12641，13613，14281，14621，15313，16381，19013，19801，20201，21013，21841，23981，24421，26681。有兴趣的读者可以尝试寻找相应的连续数对，然后求平方和，得到上面列出的素数。

学校的课程倾向于给出素数的定义，除此之外很少进行更多的讨论。事实证明，素数这一话题有近乎无限的乐趣和深入研究的价值。其中，有的内容看起来像游戏，但也有着重要的数学内涵。例如，有一些素数的任何一位数字被更改为另一个数字时，总是会产生一个合数，其中包括294001，505447，584141，604171，971767，1062599，1282529，1524181，2017963，2474431，2690201，3085553，3326489，4393139。

要是我们在上学的时候能学到关于素数的这些内容，那该多么令人激动啊！

无限素数

众所周知，素数有无限多个。这是学校课程中多次提到的问题，然而我们几乎没什么机会证明素数确实有无限多个。有许多方法可以证明这一点，其中一种方法是假设只有有限个素数，然后证明这个假设是错误的。为了做到这一点，我们假设只有 n 个素数，可以将它们记为 p_1，p_2，p_3，p_4，$\cdots$，p_n。令 N 等于这 n 个素数的乘积，即 $N = p_1 \cdot p_2 \cdot p_3 \cdot p_4 \cdot \cdots \cdot p_n$。显然，$N+1$ 大于 p_n 且不是素数，因为我们在前面列出了所有素数。（只有 2 和 3 两个素数是连续的。）由于 $N+1$ 不是素数，所以它一定与 N 有一个公因数，我们记这个公因数为 p_k，它是上面列出的素数之一。因为 p_k 是 N 和 $N+1$ 的一个因数，所以它也必然整除$(N+1) - N$（即 1），而这是不可能的。因此，只有有限个素数的假设一定不成立，由此我们得到相反的结论，即素数有无限多个。这是一个相当简单的证明，我们大多数人从学校的数学教育中已经知道了这个结论，但通常没有了解这个结论的证明。

被忽略的三角数

当在学校里学习整数这部分内容时，我们从算术和几何的角度认识了平方数。从算术上讲，平方数是通过简单地取一个自然数并将其与自身相乘得到的。从几何上讲，我们可以把平方数看作排列成正方形的点阵，如图 1.6 所示。

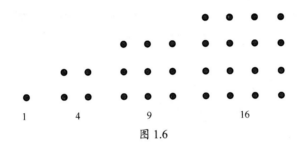

图 1.6

你一定记得平方数在数学中有着非常重要的作用，有一个著名的方程完全是由平方数构成的。这就是我们将要谈到的毕达哥拉斯定理，它可以写作 $a^2 + b^2 = c^2$。

在学校的数学教育中，关于平方数的内容是丰富的，而是谈到三角数的内容很少。正如你能够根据它们的名字想象到的，这类数代表可以排列成等边三角形的点的数量，如图 1.7 所示。

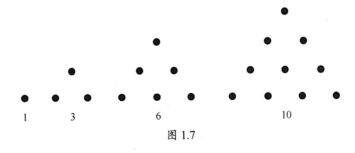

图 1.7

以下是小于 10000 的三角数：1，3，6，10，15，21，28，36，45，55，66，78，91，105，120，136，153，171，190，210，231，253，276，300，325，351，378，406，435，465，496，528，561，595，630，666，703，741，780，820，861，

903，946，990，1035，1081，1128，1176，1225，1275，1326，1378，1431，1485，
1540，1596，1653，1711，1770，1830，1891，1953，2016，2080，2145，2211，
2278，2346，2415，2485，2556，2628，2701，2775，2850，2926，3003，3081，
3160，3240，3321，3403，3486，3570，3655，3741，3828，3916，4005，4095，
4186，4278，4371，4465，4560，4656，4753，4851，4950，5050，5151，5253，
5356，5460，5565，5671，5778，5886，5995，6105，6216，6328，6441，6555，
6670，6786，6903，7021，7140，7260，7381，7503，7626，7750，7875，8001，
8128，8256，8385，8515，8646，8778，8911，9045，9180，9316，9453，9591，
9730，9870。

也许三角数（T_n）最容易被观察到的特性是，它们是前 n 个连续自然数的总和。从下面列出的前 7 个三角数可以看出这一点。

$$T_1 = 1$$
$$T_2 = 1 + 2 = 3$$
$$T_3 = 1 + 2 + 3 = 6$$
$$T_4 = 1 + 2 + 3 + 4 = 10$$
$$T_5 = 1 + 2 + 3 + 4 + 5 = 15$$
$$T_6 = 1 + 2 + 3 + 4 + 5 + 6 = 21$$
$$T_7 = 1 + 2 + 3 + 4 + 5 + 6 + 7 = 28$$

其实，这些三角数是由一个等差级数产生的，所以第 n 个三角数的公式就是 $T_n = \dfrac{n(n+1)}{2}$ 。

这只是讨论三角数的性质的开始。现在让我们欣赏一下三角数那些真正令人意想不到的性质，如果把这些内容纳入我们的学校教学中，就会给数学这门课程带来更多的生命力！

（1）任意两个连续三角数之和等于一个平方数，如以下两个示例所示。

$$T_1 + T_2 = 1 + 3 = 4 = 2^2$$
$$T_5 + T_6 = 15 + 21 = 36 = 6^2$$

（2）通过检查上面列出的三角数，你会注意到三角数似乎从不以数字 2，4，7，

9 结尾。所有的三角数都是如此。

（3）数字 3 是唯一是素数的三角数。这一点也可以由我们前面提供的三角数示例看出。

（4）如果将 1 与一个三角数的 9 倍相加，则结果将是另一个三角数，例如 $9 \times T_3 + 1 = 9 \times 6 + 1 = 54 + 1 = 55$，这是第十个三角数。

（5）如果将 1 与一个三角数的 8 倍相加，则结果将是一个平方数，例如 $8 \times T_3 + 1 = 8 \times 6 + 1 = 48 + 1 = 49 = 7^2$。

（6）从 1 开始的 n 个连续立方数的和等于第 n 个三角数的平方，也就是说 $T_n^2 = 1^3 + 2^3 + 3^3 + 4^3 + \cdots + n^3$。例如，第五个三角数的平方可以分解为：$T_5^2 = 1^3 + 2^3 + 3^3 + 4^3 + 5^3 = 1 + 8 + 27 + 64 + 125 = 225 = 15^2$。

（7）一些三角数也是回文数，这样的数有 1，3，6，55，66，171，595，666，3003，5995，8778，15051，66066，617716，828828，1269621，1680861，3544453，5073705，5676765，6295926，35133553，61477416，178727871，1264114621，1634004361，等等。

（8）既是三角数也是平方数的数有无限多个，例如 $1 = 1^2$，$6 = 6^2$，$1225 = 35^2$，$41616 = 204^2$，$1413721 = 1189^2$，$48024900 = 6930^2$，$1631432881 = 40391^2$，等等。当然，我们可以用以下公式得到这些平方三角数：$Q_n = 34Q_{n-1} - Q_{n-2} + 2$，其中 Q_n 表示第 n 个平方三角数。这些平方三角数的一个有趣的特点是所有是偶数的平方三角数都是 9 的倍数。

（9）当各位数字的顺序颠倒时，有些三角数会产生另一个三角数。这样的数有：10，120，153，190，300，351，630，820，17578，87571，156520，180300，185745，547581，等等。

（10）涉及三角数的另一个有趣玩法是，三角数集合中的某些成员可以配对，使得这些三角数对的和与差也是三角数。比如，由(15，21)得到 $21 - 15 = 6$，$21 + 15 = 36$。6 和 36 也是三角数；由(105，171)得到 $171 - 105 = 66$，$105 + 171 = 276$，66 和 276 也是三角数。

（11）三角数的性质似乎是无限的。例如，只有 6 个三角数可以表示为三个连续数的乘积。它们是：

$$T_3 = 6 = 1 \times 2 \times 3$$
$$T_{15} = 120 = 4 \times 5 \times 6$$
$$T_{20} = 210 = 5 \times 6 \times 7$$
$$T_{44} = 990 = 9 \times 10 \times 11$$
$$T_{608} = 185136 = 56 \times 57 \times 58$$
$$T_{22736} = 258474216 = 636 \times 637 \times 638$$

其中，数 120 具有特别的"天赋"，它可以表示为 3 个、4 个和 5 个连续数的乘积。$T_{15} = 120 = 4 \times 5 \times 6 = 2 \times 3 \times 4 \times 5 = 1 \times 2 \times 3 \times 4 \times 5$。我们还没有发现其他具有这种性质的三角数。

此外，我们可以证明一些三角数是两个连续数的乘积，比如：

$$T_3 = 6 = 2 \times 3$$
$$T_{20} = 210 = 14 \times 15$$
$$T_{119} = 7140 = 84 \times 85$$
$$T_{696} = 242556 = 492 \times 493$$

（12）只有 6 个三角数由唯一一个数字构成，它们是 1，3，6，55，66，666。

（13）在斐波那契数中，只有 4 个已知的三角数，即 1，3，21，55。

（14）只需要 1～3 个三角数，就能将任何正整数写成三角数之和。例如，前 10 个正整数可以表示为以下三角数之和。

$$1 = 1$$
$$2 = 1 + 1$$
$$3 = 3$$
$$4 = 1 + 3$$
$$5 = 1 + 1 + 3$$
$$6 = 6$$
$$7 = 1 + 6$$
$$8 = 1 + 1 + 6$$
$$9 = 3 + 3 + 3$$
$$10 = 1 + 3 + 6$$

（15）每个大于 1 的整数的四次方是两个三角数的和，例如：

$$2^4 = 16 = T_3 + T_4 = T_1 + T_5$$
$$3^4 = 81 = T_8 + T_9 = T_5 + T_{11}$$
$$4^4 = 256 = T_{15} + T_{16} = T_{11} + T_{19}$$
$$5^4 = 625 = T_{24} + T_{25} = T_{19} + T_{29}$$
$$6^4 = 1296 = T_{35} + T_{36} = T_{29} + T_{41}$$
$$7^4 = 2401 = T_{48} + T_{49} = T_{41} + T_{55}$$

（16）数字 9 的连续次幂之和是一个三角数，我们可以看看以下几个例子。

$$9^0 = T_1$$
$$9^0 + 9^1 = T_4$$
$$9^0 + 9^1 + 9^2 = T_{13}$$
$$9^0 + 9^1 + 9^2 + 9^3 = T_{40}$$
$$9^0 + 9^1 + 9^2 + 9^3 + 9^4 = T_{121}$$

（17）下面给出了一个奇妙的三角数定式，从下标来看，规律应该很明显。

$$T_1 + T_2 + T_3 = T_4$$
$$T_5 + T_6 + T_7 + T_8 = T_9 + T_{10}$$
$$T_{11} + T_{12} + T_{13} + T_{14} + T_{15} = T_{16} + T_{17} + T_{18}$$
$$T_{19} + T_{20} + T_{21} + T_{22} + T_{23} + T_{24} = T_{25} + T_{26} + T_{27} + T_{28}$$
$$T_{29} + T_{30} + T_{31} + T_{32} + T_{33} + T_{34} + T_{35} = T_{36} + T_{37} + T_{38} + T_{39} + T_{40}$$

注意这种排列的对称性和一致性。

简而言之，三角数的内容似乎在大多数学校课程中都是缺乏的，但它能让我们愉快地体验数学之美，而且有了进一步探索数学奥秘的机会。

完全数

大多数数学老师可能会告诉他们的学生，数学中的一切都可以认为是完美的。事实上，确实存在一类数，它们被老师和数学家公认为是完美的数（称为完全数）。这些数有一个共同的特点，那就是它们等于其所有真因数的和。最小的完全数是 6，因为 $6 = 1 + 2 + 3$，它等于除了它本身之外的所有因数之和。所有的完全数（其中前几个是 6，28，496，8128）都是三角数。

在探索完全数的不寻常的特性之前，我们可以通过研究 6 这个数的其他一些特性来获得一些乐趣。例如，它是唯一一个可由相同的三个数的和与积得到的数，因为我们知道 $6 = 1 \times 2 \times 3$。6 的另一个有趣之处是：$6 = \sqrt{1^3 + 2^3 + 3^3}$。

下一个更大的完全数是 28，因为我们可以证明它等于它的真因数之和，$28 = 1 + 2 + 4 + 7 + 14$。然后，我们要等很久才能得到下一个完全数 496，$496 = 1 + 2 + 4 + 8 + 16 + 31 + 62 + 124 + 248$。古希腊人早就知道前四个完全数($6, 28, 496, 8128$)。正是欧几里得给出的一个定理使我们能够找到其他完全数。他说，对于整数 k，如果 $2^k - 1$ 是素数，那么 $2^{k-1}(2^k - 1)$ 将给出一个完全数。我们不必考虑 k 的所有值，因为如果 k 是一个合数，那么 $2^k - 1$ 也是一个合数。[2]

采用欧几里得生成完全数的方法，我们可以得到表 1.6。

表 1.6

序号	k	完全数	位数	发现年代
1	2	6	1	古希腊时期
2	3	28	2	古希腊时期
3	5	496	3	古希腊时期
4	7	8128	4	古希腊时期
5	13	33550336	8	1456
6	17	8589869056	10	1588
7	19	137438691328	12	1588
8	31	2305843008139952128	19	1772
9	61	265845599…953842176	37	1883
10	89	191561942…548169216	54	1911
11	107	131640364…783728128	65	1914
12	127	144740111…199152128	77	1876
13	521	235627234…555646976	314	1952
14	607	141053783…537328128	366	1952
15	1279	541625262…984291328	770	1952
16	2203	108925835…453782528	1327	1952
17	2281	994970543…139915776	1373	1952
18	3217	335708321…628525056	1937	1957
19	4253	182017490…133377536	2561	1961

续表

序号	k	完全数	位数	发现年代
20	4423	407672717⋯912534528	2663	1961
21	9689	114347317⋯429577216	5834	1963
22	9941	598885496⋯073496576	5985	1963
23	11213	395961321⋯691086336	6751	1963
24	19937	931144559⋯271942656	12003	1971
25	21701	100656497⋯141605376	13066	1978
26	23209	811537765⋯941666816	13973	1979
27	44497	365093519⋯031827456	26790	1979
28	86243	144145836⋯360406528	51924	1982
29	110503	136204582⋯603862528	66530	1988
30	132049	131451295⋯774550016	79502	1983
31	216091	278327459⋯840880128	130100	1985
32	756839	151616570⋯565731328	455663	1992
33	859433	838488226⋯416167936	517430	1994
34	1257787	849732889⋯118704128	757263	1996
35	1398269	331882354⋯723375616	841842	1996
36	2976221	194276425⋯174462976	1791864	1997
37	3021377	811686848⋯022457856	1819050	1998
38	6972593	955176030⋯123572736	4197919	1999
39	13466917	427764159⋯863021056	8107892	2001
40	20996011	793508909⋯206896128	12640858	2003
41	24036583	448233026⋯572950528	14471465	2004
42	25964951	746209841⋯791088128	15632458	2005
43	30402457	497437765⋯164704256	18304103	2005
44	32582657	775946855⋯577120256	19616714	2006
45	37156667	204534225⋯074480128	22370543	2008
46	42643801	144285057⋯377253376	25674127	2009
47	43112609	500767156⋯145378816	25956377	2008
48	57885161	169296395⋯270130176	34850340	2013

　　在第八个完全数之后，你会注意到我们的表格无法容纳这些完全数，因此我们在这里完整呈现第九个和第十个完全数，以便读者了解所涉及的数的大小。

2658455991569831744654692615953842176

19156194260823610729479337808430363813099732154816 9216

当检查完全数列表时，我们会注意到它们的一些性质。末尾数字似乎总是 6 或 28，且前一位数是奇数。它们似乎也都是三角数，也就是连续自然数的和。例如：

$$6 = 1 + 2 + 3$$
$$28 = 1 + 2 + 3 + 4 + 5 + 6 + 7$$
$$496 = 1 + 2 + 3 + 4 + \cdots + 28 + 29 + 30 + 31$$

完全数中还有另一种奇妙的定式，我们可以通过观察 6 之后的完全数来发现这一点。我们注意到它们可以表示为序列 $1^3 + 3^3 + 5^3 + 7^3 + 9^3 + 11^3 + \cdots$的部分和，前几个示例如下：

$$28 = 1^3 + 3^3$$
$$496 = 1^3 + 3^3 + 5^3 + 7^3$$
$$8128 = 1^3 + 3^3 + 5^3 + 7^3 + 9^3 + 11^3 + 13^3 + 15^3$$

有兴趣的读者可能会试图证明下一个完全数遵循同样的定式。迄今为止，即使借助计算机，我们也没有发现奇完全数。然而，没有数学证明，我们就不能排除存在奇完全数的可能性。

有误的归纳

当某种数学形式看起来是一致的时候，我们倾向于得出一个归纳性的结论。但是，一些数学形式可以在某个数之前保持一致性，接下来就不再一致了。学校课程通常不讨论这样的问题，也许老师不想让学生在学习过程中因为发现这样的矛盾而感到困惑。让我们看一个这样的例子：每个大于 1 的奇数都可以表示为 2 的幂和一个素数的和吗？看看下面的列表。我们从尽可能小的数字开始，一路演算下去。我们注意到直到 51 这个数，这种形式一直成立。当我们来到 125 这个数时，这种形式仍然保持一致性。然而，当试图看看这种形式是否适用于 127 这个数时，我们惊讶地发现这种形式不再成立。对于后面的数，这个命题继续成立，直到 149。

$$3 = 2^0 + 2$$
$$5 = 2^1 + 3$$
$$7 = 2^2 + 3$$
$$9 = 2^2 + 5$$
$$11 = 2^3 + 3$$
$$13 = 2^3 + 5$$
$$15 = 2^3 + 7$$
$$17 = 2^2 + 13$$
$$19 = 2^4 + 3$$
$$\cdots\cdots$$
$$51 = 2^5 + 19$$
$$\cdots\cdots$$
$$125 = 2^6 + 61$$
$$127 = ?$$
$$129 = 2^5 + 97$$
$$131 = 2^7 + 3$$

这个猜想作为一个可能的"规律",最初是由法国数学家阿尔方斯·德·波利尼亚克（Alphonse de Polignac，1817—1890）提出的，但它对以下几个数例外：127，149，251，331，337，373，509。我们现在知道，这个猜想有无数个例外情形，299999 是其中之一。

我们再来看一个例子，通过取某些数字的 1，2，3，4，5，6，7 次幂，得到如下等式：

$$1^0 + 13^0 + 28^0 + 70^0 + 82^0 + 124^0 + 139^0 + 151^0 = 4^0 + 7^0 + 34^0 + 61^0 + 91^0 + 118^0 + 145^0 + 148^0$$
$$1^1 + 13^1 + 28^1 + 70^1 + 82^1 + 124^1 + 139^1 + 151^1 = 4^1 + 7^1 + 34^1 + 61^1 + 91^1 + 118^1 + 145^1 + 148^1$$
$$1^2 + 13^2 + 28^2 + 70^2 + 82^2 + 124^2 + 139^2 + 151^2 = 4^2 + 7^2 + 34^2 + 61^2 + 91^2 + 118^2 + 145^2 + 148^2$$
$$1^3 + 13^3 + 28^3 + 70^3 + 82^3 + 124^3 + 139^3 + 151^3 = 4^3 + 7^3 + 34^3 + 61^3 + 91^3 + 118^3 + 145^3 + 148^3$$
$$1^4 + 13^4 + 28^4 + 70^4 + 82^4 + 124^4 + 139^4 + 151^4 = 4^4 + 7^4 + 34^4 + 61^4 + 91^4 + 118^4 + 145^4 + 148^4$$
$$1^5 + 13^5 + 28^5 + 70^5 + 82^5 + 124^5 + 139^5 + 151^5 = 4^5 + 7^5 + 34^5 + 61^5 + 91^5 + 118^5 + 145^5 + 148^5$$
$$1^6 + 13^6 + 28^6 + 70^6 + 82^6 + 124^6 + 139^6 + 151^6 = 4^6 + 7^6 + 34^6 + 61^6 + 91^6 + 118^6 + 145^6 + 148^6$$
$$1^7 + 13^7 + 28^7 + 70^7 + 82^7 + 124^7 + 139^7 + 151^7 = 4^7 + 7^7 + 34^7 + 61^7 + 91^7 + 118^7 + 145^7 + 148^7$$

由此，我们很容易得出结论：对于自然数 n，下式应该成立。

$$1^n + 13^n + 28^n + 70^n + 82^n + 124^n + 139^n + 151^n = 4^n + 7^n + 34^n + 61^n + 91^n + 118^n + 145^n + 148^n$$

这些值如表 1.7 所示。

表 1.7

n	总和
0	8
1	608
2	70076
3	8953712
4	1199473412
5	165113501168
6	23123818467476
7	3276429220606352

可以预见的是我们会试着对这种形式进行归纳，然而这也同时引出了一个惊人的错误命题。这个错误直到 $n = 8$ 时才会显现出来，此时两个和不再相等。

$$1^8 + 13^8 + 28^8 + 70^8 + 82^8 + 124^8 + 139^8 + 151^8 = 468150771944932292$$
$$4^8 + 7^8 + 34^8 + 61^8 + 91^8 + 118^8 + 145^8 + 148^8 = 468087218970647492$$

事实上，这两个和的差是：$468150771944932292 - 468087218970647492 = 63552$ 974284800。

当 n 增大时，两个和之间的差随之增大。当 $n = 20$ 时，两个和之间的差为 3388331 $68771573709479441665006034302604800$ 。

这个例子说明了要避免这样的错误，关键是通过证明得到一般性的结论，而不能因为几个初始的例子成立就认为一个命题正确。

斐波那契数

在数学中最常被提及的一组数也许就是斐波那契数，这组数几乎涉及学校数学课程的方方面面。然而，由于一些奇怪的原因，这部分内容通常不在教学计划之中。学识渊博的老师可能会采用一些创造性的方法来超脱规定的课程范围，将这组奇妙的数介绍给学生，让他们对数学产生兴趣。

斐波那契数源于一本名为《计算之书》的书第 12 章中关于兔子数量的问题。这本书于 1202 年出版，作者是比萨的莱昂纳多（Leonardo of Pisa），现在也称他为斐波那契（Fibonacci）。这个问题是：按照一定的条件，一年后有多少只兔子？当你列出每个月兔子的数量时，就会出现如下数列：1，1，2，3，5，8，13，21，34，55，89，144。浏览这个数列后可以发现，从第三个数开始，每个数都是前两个数的和。

现在你可能想知道为什么这个数列如此重要。这个序列的一个引人注目的方面是，它与黄金比率有着惊人的相关性（我们将在第 3 章中介绍黄金比率）。依次取斐波那契数列中相邻两个数的比值[3]，我们发现它们越来越接近黄金比率，如表 1.8 所示（其中 F_n 表示第 n 个斐波那契数）。

表 1.8

$\dfrac{F_{n+1}}{F_n}$	$\dfrac{F_n}{F_{n+1}}$
$\dfrac{1}{1}=1.000000000$	$\dfrac{1}{1}=1.000000000$
$\dfrac{2}{1}=2.000000000$	$\dfrac{1}{2}=0.500000000$
$\dfrac{3}{2}=1.500000000$	$\dfrac{2}{3}\approx0.666666667$
$\dfrac{5}{3}\approx1.666666667$	$\dfrac{3}{5}=0.600000000$
$\dfrac{8}{5}=1.600000000$	$\dfrac{5}{8}=0.625000000$
$\dfrac{13}{8}=1.625000000$	$\dfrac{8}{13}\approx0.615384615$
$\dfrac{21}{13}\approx1.615384615$	$\dfrac{13}{21}\approx0.619047619$
$\dfrac{34}{21}\approx1.619047619$	$\dfrac{21}{34}\approx0.617647059$

续表

$\dfrac{F_{n+1}}{F_n}$	$\dfrac{F_n}{F_{n+1}}$
$\dfrac{55}{34} \approx 1.617647059$	$\dfrac{34}{55} \approx 0.618181818$
$\dfrac{89}{55} \approx 1.618181818$	$\dfrac{55}{89} \approx 0.617977528$
$\dfrac{144}{89} \approx 1.617977528$	$\dfrac{89}{144} \approx 0.618055556$
$\dfrac{233}{144} \approx 1.618055556$	$\dfrac{144}{233} \approx 0.618025751$
$\dfrac{377}{233} \approx 0.618025751$	$\dfrac{233}{377} \approx 0.618037135$
$\dfrac{610}{377} \approx 1.618037135$	$\dfrac{377}{610} \approx 0.618032787$
$\dfrac{987}{610} \approx 1.618032787$	$\dfrac{610}{987} \approx 0.618034448$

　　斐波那契数由此与艺术和建筑联系在一起。同时，我们可以证明斐波那契数与生物学也有关。例如，数一数菠萝上的鳞片螺旋，你会发现在一个方向上有 8 条螺旋线，在另一个方向上有两种螺旋，其中一种有 5 条螺旋线，另一种有 13 条螺旋线。换句话说，菠萝上的螺旋线数目由斐波那契数 5，8，13 给出。在松果上也常常可以见到这种螺旋，一个方向上有 8 条螺旋线，另一个方向上有 13 条螺旋线。

　　斐波那契数有着无限的奥妙，等待着充满热情的学生去探索。1963 年，斐波那契协会成立，数学家能够通过《斐波那契季刊》分享有关斐波那契数的新发现。该季刊至今仍在出版。人们可能会认为斐波那契数与毕达哥拉斯定理毫无关联。好吧，给你个惊喜。按照这种方法，你将看到如何从斐波那契数列的任意四个连续的数中生成毕达哥拉斯三元组，也就是满足方程 $a^2 + b^2 = c^2$ 的三个数。

　　为了用斐波那契数构造毕达哥拉斯三元组，我们先取斐波那契数列中的任意四个连续的数（如 3，5，8，13），然后我们遵循以下规则。

（1）把中间的两个数相乘，结果加倍。这里 5 和 8 的乘积是 40，然后我们把它加倍得到 80，这将是毕达哥拉斯三元组中的第一个成员。

（2）把外侧的两个数相乘。这里 3 和 13 的乘积是 39，这将是毕达哥拉斯三元组中的第二个成员。

（3）将中间的两个数的平方相加，得到毕达哥拉斯三元组的第三个成员。这里有 $5^2 + 8^2 = 25 + 64 = 89$，我们找到了一个毕达哥拉斯三元组（39，80，89）。我们可以通过验证 $39^2 + 80^2 = 1521 + 6400 = 7921 = 89^2$ 来证明这的确是一个毕达哥拉斯三元组。

我们在这里列举另一些与斐波那契数相关的令人惊奇的例子。

（1）任意 10 个连续的斐波那契数之和可被 11 整除，即 $11 \mid (F_n + F_{n+1} + F_{n+2} + \cdots + F_{n+8} + F_{n+9})$。例如，$5 + 8 + 13 + 21 + 34 + 55 + 89 + 144 + 233 + 377 = 979$，也就是 89×11。

（2）任意两个连续的斐波那契数都是互素的，也就是说它们的最大公因数是 1。

（3）序数是合数的斐波那契数，也就是那些非素数位置上的斐波那契数（第四个斐波那契数除外）也是合数。换种说法，如果 n 不是素数，那么 F_n 就不是素数，其中 $n \neq 4$，因为 $F_4 = 3$ 是个例外，这是一个素数。

（4）前 n 个斐波那契数之和等于第 $n+2$ 个斐波那契数减 1，这可以写成 $\sum_{i=1}^{n} F_i = F_1 + F_2 + F_3 + F_4 + \cdots + F_n = F_{n+2} - 1$。例如，前 9 个斐波那契数的和是 $1 + 1 + 2 + 3 + 5 + 8 + 13 + 21 + 34 = 88 = 89 - 1$。

（5）前 n 个出现在偶数位置上的连续的斐波那契数之和比其中最后一个数后面的斐波那契数小 1，可用数学符号表示为 $\sum_{i=1}^{n} F_{2i} = F_2 + F_4 + F_6 + \cdots + F_{2n-2} + F_{2n} = F_{2n+1} - 1$。例如，$1 + 3 + 8 + 21 + 55 + 144 = 232 = 233 - 1$。

（6）前 n 个出现在奇数位置上的连续的斐波那契数之和等于其中最后一个数后面的斐波那契数，可用符号表示为 $\sum_{i=1}^{n} F_{2i-1} = F_1 + F_3 + F_5 + \cdots + F_{2n-3} + F_{2n-1} = F_{2n}$。

例如，$1 + 2 + 5 + 13 + 34 + 89 = 144$。

（7）从 1 开始的有限个连续的斐波那契数的平方和等于这组数中最后一个数与其后续的斐波那契数的乘积，可用数学符号表示为 $\sum_{i=1}^{n}(F_i)^2 = F_n F_{n+1}$。例如，$1^2 + 1^2 + 2^2 + 3^2 + 5^2 + 8^2 + 13^2 = 273 = 13 \times 21$。

（8）两个交替的斐波那契数（即被另一个斐波那契数分隔开的两个斐波那契数）的平方差是一个斐波那契数，其位置序数是那两个斐波那契数的位置序数之和。我们用数学符号将这一关系表示为 $F_n^2 - F_{n+2}^2 = F_{2n+2}$。例如，$13^2 - 5^2 = 169 - 25 = 144$，这是第 12 个斐波那契数。

（9）两个连续斐波那契数的平方和还是一个斐波那契数，其位置序数是前两个斐波那契数的位置序数之和，可用数学符号表示为 $F_n^2 + F_{n+1}^2 = F_{2n+1}$。例如，$8^2 + 13^2 = 233$，这是第 13 个斐波那契数。

（10）对于任意四个连续的斐波那契数，中间的两个数的平方差等于外侧的两个数的乘积。我们用数学符号将这一关系表示为 $F_{n+1}^2 - F_n^2 = F_{n-1} \times F_{n+2}$。例如，对于 3，5，8，13，有 $8^2 - 5^2 = 39 = 3 \times 13$。

（11）两个交替的斐波那契数的乘积比它们之间的斐波那契数的平方大 1 或者小 1。利用数学符号，我们可以把这条性质表示成 $F_{n-1} \times F_{n+1} = F_n^2 + (-1)^n$。如果 n 是偶数，则乘积加 1；如果 n 是奇数，则乘积减 1。这可以扩展到以下情况：给定的斐波那契数的平方与关于它左右对称的两个斐波那契数的乘积的差是另一个斐波那契数的平方，即 $F_{n-k} \times F_{n+k} - F_n^2 = \pm F_k^2$，其中 $n \geq 1$，$k \geq 1$。

（12）斐波那契数 F_{mn} 可被斐波那契数 F_m 整除。我们可以这样写：$F_m \mid F_{mn}$，意思是"F_m 整除 F_{mn}"。另一种理解方式是：如果 p 可以被 q 整除，那么 F_p 可被 F_q 整除。可用数学符号表示为 $q \mid p \Rightarrow F_q \mid F_p$，其中 m，n，p，q 是正整数。以下是具体例子。

$F_1 \mid F_n$，也就是 $1 \mid F_1$，$1 \mid F_2$，$1 \mid F_3$，$1 \mid F_4$，$1 \mid F_5$，$1 \mid F_6$，$\cdots$，$1 \mid F_n$，$\cdots$

$F_2 \mid F_{2n}$，也就是 $1 \mid F_2$，$1 \mid F_4$，$1 \mid F_6$，$1 \mid F_8$，$1 \mid F_{10}$，$1 \mid F_{12}$，$\cdots$，$1 \mid F_{2n}$，$\cdots$

$F_3 \mid F_{3n}$，也就是 $2 \mid F_3$，$2 \mid F_6$，$2 \mid F_9$，$2 \mid F_{12}$，$2 \mid F_{15}$，$2 \mid F_{18}$，$\cdots$，$2 \mid F_{3n}$，$\cdots$

$F_4 | F_{4n}$，也就是 $3 | F_4$，$3 | F_8$，$3 | F_{12}$，$3 | F_{16}$，$3 | F_{20}$，$3 | F_{24}$，…，$3 | F_{4n}$，…

$F_5 | F_{5n}$，也就是 $5 | F_5$，$5 | F_{10}$，$5 | F_{15}$，$5 | F_{20}$，$5 | F_{25}$，$5 | F_{30}$，…，$5 | F_{5n}$，…

$F_6 | F_{6n}$，也就是 $8 | F_6$，$8 | F_{12}$，$8 | F_{18}$，$8 | F_{24}$，$8 | F_{30}$，$8 | F_{36}$，…，$8 | F_{6n}$，…

$F_7 | F_{7n}$，也就是 $13 | F_7$，$13 | F_{14}$，$13 | F_{21}$，$13 | F_{28}$，$13 | F_{35}$，$13 | F_{42}$，…，$13 | F_{7n}$，…

（13）连续两个相邻斐波那契数的乘积之和要么是某个斐波那契数的平方，要么比某个斐波那契数的平方小 1，可用数学符号表示为：$\sum_{i=2}^{n+1} F_i F_{i-1} = F_{n+1}^2$，当 n 是奇数时；$\sum_{i=2}^{n+1} F_i F_{i-1} = F_{n+1}^2 - 1$，当 n 是偶数时。

希望关于这个数学中最重要且无处不在的数列的简短介绍能引起你更多的思考与实践。如果你想更深入地了解斐波那契数，可以参考《神奇的斐波那契数》(*The Fabulous Fibonacci Numbers*) 一书，作者是 A. S. 波萨门蒂尔 (A. S. Posamentier) 和 I. 莱曼 (I. Lehmann)。

第2章 ▶▶▶
代数正解

当回想起读书的时光，特别是回忆在代数中学到了什么时，你通常会把代数这门课看作通过一系列机械的程序或算法，求得一个想要的结果。虽然代数有太多的内容可以拿出来讨论，但遗憾的是这些内容往往没有恰当地融入学校课程中。代数使我们在语言上更容易理解问题，它使我们能够阐述一些通常可以被看作证明或者仅仅是解释的数学概念。如果在学校课程中加入更多的代数应用例子，就一定能使学生在数学学习中得到更多的欢乐。在本章中，我们将展示如何通过代数来解释某些概念，以及如何更加深刻地挖掘某些概念的意义。我们还将介绍一些代数方法，这些方法很可能没有在学校教学中出现过，但在数学和其他学科中都非常有用。

浅显的代数知识就能助力逻辑推理

遗憾的是，我们受的教育让我们以为代数运算只是一个为了探究高等数学而进行的机械过程。然而，有时相当复杂的推理问题可以用非常简单的代数方法来解决。考虑下面的问题。你坐在一间黑屋子里的桌子旁，桌子上有 12 枚硬币，其中 5 枚正面朝上，7 枚反面朝上。现在把这些硬币混在一起，然后分成 5 枚和 7 枚的两堆。因为你在一个黑暗的房间里，所以你不知道你碰的硬币是正面朝上还是反面朝上。

然后把 5 枚一堆里的硬币翻过来。当灯打开时,两堆中有相同数量的硬币正面朝上。这怎么可能?

你的第一反应是"你一定在开玩笑"。如果没有看到这些硬币是正面朝上还是反面朝上,怎么可能做成这件事情呢? 你可能非常想用 12 枚硬币来试一试,看看这是不是真的。面对这种情况时,关键是依靠最有智慧(但极其简单)的代数方法。让我们把这个问题再说一遍。首先,把 12 枚硬币放在一张桌子上,其中 5 枚正面朝上,7 枚反面朝上。然后随机将它们分成两堆,其中一堆有 5 枚硬币,另一堆有 7 枚硬币。当你把硬币分开时,在 7 枚一堆的硬币里有 h 枚正面朝上,而在另一堆硬币里有 $5-h$ 枚正面朝上,$5-(5-h)$ 枚背面朝上。当你把后一堆硬币翻转过来时,背面朝上的硬币有 $5-h$ 枚,正面朝上的硬币有 $5-(5-h)$ 枚。现在,每一堆中都有 h 枚硬币正面朝上!

从这个例子可以看出,代数有助于解决问题。它很有趣,也很出人意料!

零的除法

数学老师无疑告诉过大家,一个数是不可以除以零的。也就是说,除以零是"未定义的"。只要我们避免这种行为,数学的一致性就可以保持。这是为什么呢? 为什么除以零在数学中是禁止的? 考虑下面的表达式:$a+b=c$。让我们做一些代数运算,看看会发生什么。在上面的式子两边减去 c,得到 $a+b-c=0$。

现在,将该式的两边乘以 3(注意任何数乘以 0 都还是 0),得到 $3(a+b-c)=0$。我们也可以乘以 4,得到 $4(a+b-c)=0$。

好的,到目前为止,我们得到了一个简单的恒等式:$0=0$。因为上面两个表达式都等于 0,所以我们可以将它们写成等式 $3(a+b-c)=4(a+b-c)$。两边有相同的因数 $a+b-c$,所以我们在这里简化一下,用这个公因数来除等式两边:$\dfrac{3(a+b-c)}{a+b-c}=\dfrac{4(a+b-c)}{a+b-c}$。这让我们推导出了 $3=4$,太荒谬了!

刚才发生了什么? 事实上,同样的步骤可以用来"证明"任何数等于任意其他数，而不仅仅是 $3 = 4$。当然，这都错了！哪里出错了？我们用 $a + b - c$ 去除方程的两边。注意 $a + b - c = 0$，因此，我们除的是 0。如果除以 0 会导致 $3 = 4$ 这样的无稽之谈，那么这就很好地解释了为什么这种除法是不可行的。另一个可以用来佐证这一点的例子如下。

从 $a = b$ 开始，在这个等式的两边乘以 a，得到 $a^2 = ab$。然后从这个等式的两边减去 b^2，得到 $a^2 - b^2 = ab - b^2$。这时可以进行以下因式分解：$(a + b)(a - b) = b(a - b)$。通过两边除以 $a - b$，我们得到 $a + b = b$。由于 $a = b$，通过代换，我们可以得到 $2b = b$。如果现在用 b 去除该式的两边，我们就得到了荒谬的结果 $2 = 1$。

也许现在你明白了为什么会这样。当在等式的两边除以 $a - b$ 时，实际上除数是零，因为 $a = b$。这样，你就有进一步的证据来说明为什么除以零在数学中是不可行的。

2 的平方根的无理性

我们知道有些数不是有理数，也就是说它们不能写成两个整数的商的形式。这样的数叫作无理数。2 的平方根可能是无理数里最常用的例子，其他著名的例子有 $\pi = 3.1415926\cdots$，自然常数 $e = 2.7182818\cdots$。但我们怎么知道这些数字是无理数呢？毕达哥拉斯学派最先发现 $\sqrt{2}$ 并非有理数。根据传说，他们想保住这个秘密，而这个秘密并没有保住多久。作为泄露秘密的惩罚，毕达哥拉斯学派的成员希帕索斯（Hippasus）被淹死在海里（约公元前 5 世纪）。[1]

有一个非常巧妙的推理思路表明 $\sqrt{2}$ 不可能是有理数，证明过程不需要任何高等数学知识，但是存在一个逻辑上的反转，使得我们在第一次读到的时候不那么容易理解。数学家称这种推理方法为反证法。证明 $\sqrt{2}$ 不是有理数的诀窍是假设它是个有理数，然后通过演绎推理证明这个假设导致了逻辑上的矛盾。既然 $\sqrt{2}$ 是有理数的假设导致了一个矛盾，那么假设就是错的，$\sqrt{2}$ 不是有理数。

下面给出证明方法。假设 $\sqrt{2} = \dfrac{p}{q}$，其中 $\dfrac{p}{q}$ 是不可约分式，也就是最简分式。

在该式的两边乘以 q，然后取平方，得到 $2q^2 = p^2$。这意味着 p^2 是偶数。但是如果 p^2 是偶数，那么 p 就必须是偶数（如果 p 是奇数，那么 p^2 也将是奇数，这很容易看出来）。所以，我们可以把 p 表示为偶数，用 $p = 2k$ 代替，其中 k 为正整数。把 p 的这个值代入前面的公式中，得到 $2q^2 = 4k^2$，因此 $q^2 = 2k^2$。这意味着 q^2 也是偶数。我们可以简单地重复前面的过程，得出结论：q 也必须是偶数。如果 p 和 q 都是偶数，那么 $\frac{p}{q}$ 就不是不可约分式，这与我们的假设 $\sqrt{2} = \frac{p}{q}$，且 $\frac{p}{q}$ 是不可约分式矛盾。因为由这个假设推出了矛盾，所以按照逻辑，最初的假设是错的。因此，$\sqrt{2}$ 不能表示成不可约分式的形式，也就不是有理数了。我们称之为无理数。

你可能想回顾一下这个证明过程，以便更好地理解它。一旦这么做了，你就会欣赏到它的简明之处并感受到逻辑推理的力量。

美国数学家斯坦利·坦南鲍姆（Stanley Tennenbaum，1927—2005）发现了 $\sqrt{2}$ 是无理数也存在"几何证明"。他的推理路线类似于上面的证明，同时提供了一个不同的视角。

这个证明的开始部分也是假设存在最小的正整数 p 和 q，使得 $\sqrt{2} = \frac{p}{q}$，因此有 $2q^2 = p^2$。

用几何语言来说，$2q^2 = p^2$ 意味着边长为 p 的正方形的面积正好是边长为 q 的正方形的面积的两倍。根据我们的假设，现在把边长为 q 的两个正方形放到边长为 p 的正方形中，如图 2.1 所示。

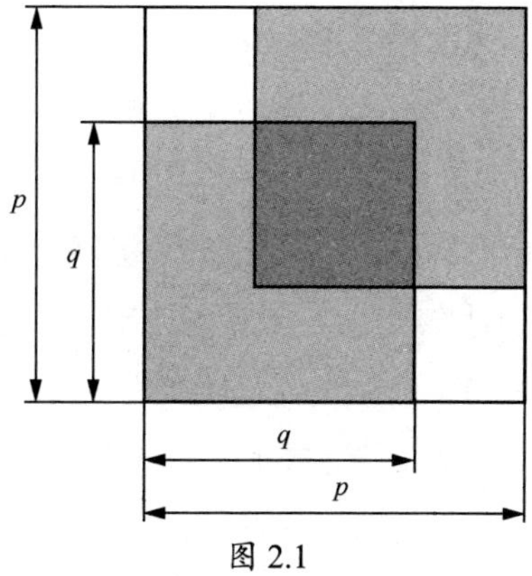

图 2.1

如果边长为 q 的两个正方形（阴影部分）的面积之和正好等于边长为 p 的大正方形的面积，那么阴影部分重叠区域（较暗的正方形）的面积必须正好等于两个白色小正方形的面积之和。由于 p 和 q 是整数，中心正方形和白色小正方形的边长也必须是整数。中心正方形的边长为

$p - 2(p - q) = 2q - p$，白色小正方形的边长为 $p - q$。因此，中心正方形和两个白色小正方形表示比原始正方形更小的正方形，其中前者的面积正好是后者的两倍。这与存在具有此属性的整数边长的最小正方形的假设相矛盾。接下来让我们看看如何找到平方根形式的无理数的近似值。

用二分法求平方根的近似值

无理数具有无限长的小数展开式，各位数字之间不存在周期性重复的形式。非常多的数的平方根是无理数，那么我们如何求它们的平方根的近似值呢？例如，如何用有限长度的小数展开式表示 $\sqrt{2}$？二分法提供了解决这个问题的方法。

考虑 $y = x^2 - 2$ 的图像，如图 2.2 所示。

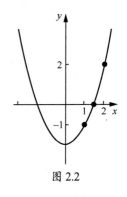

注意，图像在两个点上与 x 轴相交。求解 $x^2 - 2 = 0$，得到两个解 $x = \pm\sqrt{2}$。我们感兴趣的是正根，它由 y 轴右边的 x 轴截距表示。

这个图像帮助我们了解为什么 $\sqrt{2}$ 介于 1 和 2 之间。如果插入 $x = 1$，我们就会得到 $y = 1^2 - 2 = -1$，所以 $(1, -1)$ 是该图像上的一个点。如果插入 $x = 2$，我们就会得到 $y = 2^2 - 2 = 2$，所以 $(2, 2)$ 是该图像上的一个点。$y = x^2 - 2$ 的图像是连续的，也就是说绘制图像的时候可以一笔画出。因此，从点 $(1, -1)$ 到点 $(2, 2)$，图像在截距为 $\sqrt{2}$ 的地方穿过 x 轴。在这个过程中，x 坐标从 1 增大到 2，因此，我们得到了不等式 $1 < \sqrt{2} < 2$。

根据前面的讨论，我们得到了一种算法，可以获得越来越好的 $\sqrt{2}$ 的近似值。考虑区间 $[1, 2]$，我们可以用这个区间的中点来近似 $\sqrt{2}$，因此，$\sqrt{2} \approx 1.5$。为了更加逼近 $\sqrt{2}$ 的准确值，我们选取更小的区间，并用该区间的中点来近似 $\sqrt{2}$。我们首先计算 $x = 1.5$ 对应的 y 坐标，即 $y = 1.5^2 - 2 = 0.25$。请注意，这是一个正数。

我们用图 2.3 表示区间 $[1, 2]$，其中正号和负号分别表示此处对应的 y 坐标是正

图 2.2

数和负数。把这个区间一分为二，我们知道 $\sqrt{2}$ 要么位于左半部分[1, 1.5]，要么位于右半部分[1.5, 2]。基于前面的讨论，由 y 坐标符号的变化可知 $\sqrt{2}$ 在[1, 1.5]中。请注意，将区间减半来近似 $\sqrt{2}$ 就是 "二分法" 名字的由来。区间[1, 1.5]的中点是 1.25，因此我们在这一步中得到了一个新的近似值 $\sqrt{2} \approx 1.25$（见图 2.4）。

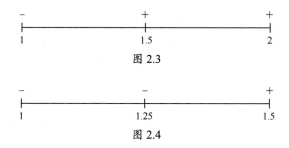

图 2.3

图 2.4

对于区间[1, 1.5]，$y = 1.25^2 - 2 = -0.4375$，$x = 1.25$ 上方的符号是负号。该区间的右半部分[1.25, 1.5]发生了符号的变化。

区间[1.25, 1.5]的中点为 $\frac{1.25 + 1.5}{2} = 1.375$。因此，我们在这一步中更新了 $\sqrt{2}$ 的近似值，令 $\sqrt{2} \approx 1.375$（见图 2.5）。

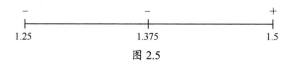

图 2.5

对于区间[1.25, 1.5]，$y = 1.375^2 - 2 = -0.109375$，$x = 1.375$ 上方的符号是负号。该区间的右半部分[1.375, 1.5]发生了符号的变化。

区间[1.375, 1.5]的中点为 $\frac{1.375 + 1.5}{2} = 1.4375$。因此，我们在这一步中得到了 $\sqrt{2} \approx 1.4375$。我们可以继续重复这个过程，得到越来越好的近似值。我们也可以在这个阶段停下来，取得最后的近似值 1.4375。这个近似值有多么精确？

看看图 2.6，注意 $\sqrt{2}$ 实际上位于该区间的左半部分[1.375, 1.4375]。假设我们不知道这个事实，那么 $\sqrt{2}$ 的位置有两个选择，要么在左半部分[1.375, 1.4375]，要么在右半部分[1.4375, 1.5]。

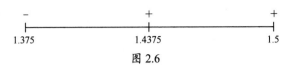

图 2.6

使用 1.4375 作为 $\sqrt{2}$ 的近似值时，误差的绝对值由连接 $\sqrt{2}$ 和 1.4375 的线段的长度表示，即| $\sqrt{2}$ −1.4375|。在这里使用绝对值来保证我们处理的是连接 $\sqrt{2}$ 和 1.4375 的线段的长度，而不管 $\sqrt{2}$ 在 1.4375 的左侧或右侧。

表示误差绝对值的线段位于[1.375, 1.5]的左半部分或右半部分，而左半部分和右半部分的长度相同，因为 1.4375 − 1.375 = 0.0625, 1.5 − 1.4375 = 0.0625。所以，该线段的长度小于 0.0625。注意，通过利用精确值 $\sqrt{2}$ = 1.4142 …，我们得到实际误差为 1.4375 − $\sqrt{2}$ ≈0.0233，它小于我们确定的误差范围 0.0625。

通过使用越来越小的区间，误差范围也越来越小，所以只要经过足够多步，利用二分法求得的结果就能达到我们想要的精度。虽然二分法不是求得这种近似值的最有效的方法，但是它的优点在于足够简单。在二分法中，利用四则运算就足以得到平方根或其他更一般的连续函数的根的非常精确的近似值。不幸的是，在当今的科技时代，学生被训练通过按下计算器的按钮来得到一个数的平方根，而不是学习如何动手计算。这部分内容可以使我们了解到在按下按钮时，计算器究竟是如何计算结果的。无理数也可以表示为无限连分数的形式，我们将在下一节中看到。

平方根的连分数

平方根似乎有点神秘，因为它们有时是无理数，它们的无限小数展开式缺乏周期性的重复形式。我们在上一节中讨论的 $\sqrt{2}$ 就是一个例子。令人不解的是，如果没有周期型的重复形式，那么这个无限小数是如何给出的？如果我们愿意超越十进制的展开式，研究数论中的一个主题——连分数，那么就可以看到一个平方根具有令人惊叹的重复形式。例如，当写为无限连分数时，$\sqrt{2}$ 可以表示为：

$$\sqrt{2} = 1 + \cfrac{1}{2 + \cfrac{1}{2 + \cfrac{1}{2 + \cfrac{1}{2 + \cfrac{1}{2 + \ddots}}}}}$$

这种形式无限延续下去，因此得名无限连分数。这种重复形式与 $\sqrt{2}$ 的非常不规则的十进制展开式形成了鲜明的对比。为什么这个连分数等于 $\sqrt{2}$？让我们借助代数工具来解释一下。

从两个数的平方差开始，我们得到：

$$(\sqrt{2} - 1)(\sqrt{2} + 1) = (\sqrt{2})^2 - 1^2$$

即

$$(\sqrt{2} - 1)(\sqrt{2} + 1) = 1$$

接下来，在这个等式的两边除以 $\sqrt{2} + 1$，我们得到：

$$\frac{(\sqrt{2} - 1)(\sqrt{2} + 1)}{\sqrt{2} + 1} = \frac{1}{\sqrt{2} + 1}$$

$$\sqrt{2} - 1 = \frac{1}{\sqrt{2} + 1}$$

$$\sqrt{2} = 1 + \frac{1}{1 + \sqrt{2}}$$

我们把等式右边的 $\sqrt{2}$（也就是出现在 $1 + \dfrac{1}{1 + \sqrt{2}}$ 中的 $\sqrt{2}$）用整个表达式进行代换，可得：

$$\sqrt{2} = 1 + \cfrac{1}{1 + 1 + \cfrac{1}{1 + \sqrt{2}}}$$

$$= 1 + \cfrac{1}{2 + \cfrac{1}{1 + \sqrt{2}}}$$

我们再一次将最后的分母里的 $\sqrt{2}$ 用 $\sqrt{2} = 1 + \dfrac{1}{1 + \sqrt{2}}$ 代换，得到：

$$\sqrt{2} = 1 + \cfrac{1}{2 + \cfrac{1}{1 + 1 + \cfrac{1}{1 + \sqrt{2}}}}$$

$$= 1 + \cfrac{1}{2 + \cfrac{1}{2 + \cfrac{1}{1 + \sqrt{2}}}}$$

很明显,等式右边的 $\sqrt{2}$ 可以一直代换下去。由此,我们就得到了前面给出的 $\sqrt{2}$ 的无限连分数形式。

一般地,平方根为无理数时,其连分数展开式都会在分母中出现一些重复形式,这揭示了平方根隐藏在十进制展开式中的结构。通过连分数,可以获得平方根的有理数近似,也就是用分式近似平方根。因此,连分数对于揭开平方根的奥秘具有非常重要的作用。

费马的因式分解法

我们如何知道一个大于 2 的整数 n 是素数还是合数?许多人会想起"平方根检验",即检查是否有小于或等于 $\sqrt{n}$ 的素数正好能整除 n。如果存在能整除 n 的素数,那么 n 就是合数;否则, n 就是素数。

然而,平方根检验并不一定是判断一个数是素数还是合数的最有效的方法。例如,可以通过平方根检验看看 6499 是素数还是合数。注意, $\sqrt{6499} \approx 80.616$,小于 80.616 的素数很多,都要检验整除性。

另一种确定 n 是素数还是合数的方法是费马的因式分解法。让我们用一个数例来说明这种算法,设 $n = 6499$。首先令 x 为大于或等于 $\sqrt{6499}$(约等于 80.616)的最小整数。因为 $\sqrt{6499}$ 不是整数,我们就从 $x = 81$ 开始。

计算 $x^2 - n$,看看结果是不是一个完全平方数: $81^2 - 6499 = 62$。因为 62 不是一个完全平方数,我们提升 x 到 $x = 82$。重复这个提升 x 的过程,直到我们得到 $x^2 - n$ 是一个完全平方数。这个条件在 $x = 82$ 时成立,因为 $82^2 - 6499 = 225 = 15^2$。这里设 y 为 $x^2 - n$ 这个完全平方数的算术平方根。在上面的例子中, $y = 15$。费马的因

式分解法给出了 $n = (x+y)(x-y)$。

$$6499 = (82+15)(82-15) = 97 \times 67$$

这个非平凡的因式分解过程证明 6499 确实是一个合数。

费马的因式分解法基于代数中的平方差公式 $x^2 - y^2 = (x+y)(x-y)$，主要思想是把 n 写成两个数的平方的差，即 $n = x^2 - y^2$，其中 $x > y$，以利用平方差公式进行因式分解。整理一下，我们得到 $x^2 - n = y^2$。

我们要系统性地尝试对 x 取不同的值，看看什么时候 $x^2 - n$ 成为一个完全平方数，也就找到了合适的 y^2。这样就完成了因数分解，$n = (x+y)(x-y)$。注意，$x^2 - n \geq 0$ 表示在 x 是正数的前提下，有 $x \geq \sqrt{n}$。由此，我们可以从大于或等于 $\sqrt{n}$ 的最小整数开始，对 x 赋值并将其代入 $x^2 - n$。

该算法一定会终止。当出现非平凡分解或者平凡分解[1] $n = n \cdot 1$ 时，该算法结束。当 x 一直增加到 $\frac{n+1}{2}$ 时，就只剩下平凡的因式分解。对应于这个 x 值的 y 值为 $\frac{n-1}{2}$。这一点可以由下面的计算看出。

$$x^2 - n = \left(\frac{n+1}{2}\right)^2 - n$$
$$= \frac{(n+1)^2}{4} - n$$
$$= \frac{n^2 + 2n + 1}{4} - \frac{4n}{4}$$
$$= \frac{n^2 - 2n + 1}{4}$$
$$= \frac{(n-1)^2}{4}$$
$$= \left(\frac{n-1}{2}\right)^2$$

[1] 非平凡分解是指 n 可以分解成两个真因数乘积，也就表明 n 是合数，算法结束；平凡分解是指 $n = n \times 1$，也就是说 n 不能进行真因数分解，n 是素数，算法结束。——译注

因此，$x^2 - n = y^2$。由 $x = \dfrac{n+1}{2}$ 和 $y = \dfrac{n-1}{2}$ 得到平凡分解可知，此算法总可以在有限的步骤内完成。

$$
\begin{aligned}
n &= (x+y)(x-y) \\
&= \left(\frac{n+1}{2} + \frac{n-1}{2}\right) \cdot \left(\frac{n+1}{2} - \frac{n-1}{2}\right) \\
&= \left(\frac{2n}{2}\right) \cdot \left(\frac{2}{2}\right) \\
&= n \cdot 1
\end{aligned}
$$

费马的因式分解法是对平方根检验的一个很好的补充，它甚至比平方根检验更有效，尤其是当讨论的整数 n 的因数比较接近 $\sqrt{n}$ 时。上面 $n = 6499$ 的例子就印证了这一点。此外，这种简单具体的算法还对常用的平方差公式给出了一个很好的应用示例。

平均数的比较

算术数列和几何数列是很常见的，其中算术数列是指连续项之间存在公差的数列，几何数列是指连续项之间存在公比的数列。举例来说，1，5，9，13，17，…是一个算术数列，其公差为 4；而 1，5，25，125，625，…是一个几何数列，其公比为 5。每个具有给定终值的这种数列都有一个中点或平均值。在第上述算术数列中仅取 1，5，9，13，17 五项，其算术平均数是通过将这几个数相加并除以个数得到的，即 $\dfrac{1 + 5 + 9 + 13 + 17}{5} = 9$。在上述几何数列中取 1，5，25，125，625 五项，其几何平均数是这 5 个数的乘积的五次方根，即 $\sqrt[5]{1 \times 5 \times 25 \times 125 \times 625} = \sqrt[5]{9765625} = 25$。

另外，还有一种调和数列在学校教学中常常被忽略。这是一种构造非常简单的数列，只需要对一个算术数列中的每一项取倒数就可以得到。例如，让我们考虑前面提到的算术数列，对每一项取倒数，我们就能得到一个调和数列。这个数列被称为"调和"的原因之一是，当你弹一组长度为一个调和数列且张力相同的弦时，会听到一个和音。

要得到调和平均数，我们只需确定此数列的倒数数列的算术平均数，然后再取其倒数。在上面的例子中，调和序列 1，$\frac{1}{5}$，$\frac{1}{9}$，$\frac{1}{13}$，$\frac{1}{17}$ 的调和平均数是

$$\frac{1}{\dfrac{1+5+9+13+17}{5}}=\frac{1}{9}。$$

你可能会问，调和平均数在日常生活中有什么用处？下面是一个真实的例子。如果你以不同的价格购买了许多物品，并且想确定这些物品的平均价格，那么你就需要计算算术平均数，即通常所说的"平均值"。然而，如果你想知道一辆汽车以 50 千米/小时的速度行驶到某地，然后以 30 千米/小时的速度沿同一路线返回这一过程的平均速度，那么取算术平均值就是不正确的，因为在同一路线上以 30 千米/小时的速度行驶的时间远远大于以 50 千米/小时的速度行驶的时间。为了得到平均速度，可计算调和平均数。在这种情况下，调和平均数是：

$$\frac{1}{\dfrac{\dfrac{1}{30}+\dfrac{1}{50}}{2}}=\frac{1}{\dfrac{30+50}{1500}\times\dfrac{1}{2}}=\frac{1}{\dfrac{4}{150}}=37\frac{1}{2}$$

注意，调和平均数可用于求同一基准下的平均变化率，比如相同距离下的速度。

你可能会问怎么比较这三种平均数的大小。为了回答这个问题，我们可采用简单的代数运算。下面求出两个数 a 和 b 的三个平均数，然后比较它们的大小。

对于两个非负数 a 和 b，有：

$$(a-b)^2\geqslant 0$$
$$a^2-2ab+b^2\geqslant 0$$

将 $4ab$ 加到上式的两边：

$$a^2+2ab+b^2\geqslant 4ab$$

两边都取平方根：

$$a+b\geqslant 2\sqrt{ab}$$

即

$$\frac{a+b}{2} \geqslant \sqrt{ab}$$

这说明 a 和 b 的算术平均数大于或等于几何平均数（当且仅当 $a = b$ 时，二者相等）。

接下来，我们比较几何平均数和调和平均数。

对于两个正数 a 和 b，有：

$$(a-b)^2 \geqslant 0$$

$$a^2 - 2ab + b^2 \geqslant 0$$

将 $4ab$ 加到上式的两边：

$$a^2 + 2ab + b^2 \geqslant 4ab$$

$$(a+b)^2 \geqslant 4ab$$

两边都乘以 ab：

$$ab(a+b)^2 \geqslant 4a^2b^2$$

两边都除以 $(a+b)^2$：

$$ab \geqslant \frac{4a^2b^2}{(a+b)^2}$$

两边都取算术平方根：

$$\sqrt{ab} \geqslant \frac{2ab}{a+b}$$

注意，$\dfrac{2ab}{a+b}$ 就是调和平均数，因为 $\dfrac{2ab}{a+b} = \dfrac{2}{\dfrac{1}{a}+\dfrac{1}{b}}$。这说明 a 和 b 的几何平均

数大于或等于调和平均数。当 $a = b$ 时，二者相等。因此，我们可以得出结论：算术平均数 $\geqslant$ 几何平均数 $\geqslant$ 调和平均数。

丢番图方程

在初等代数课程中，当给出一个有两个变量（比如 x 和 y）的方程时，通常会

再给出第二个有相同变量的方程，这样两个方程就可以一起求解。也就是说，我们要寻找的是满足这两个方程的两个变量的一对取值。不过，学校课程似乎忽略了一点，那就是讨论如何在没有第二个方程时"解"一个有两个变量的方程。这样的方程通常称为丢番图方程，以希腊数学家丢番图（Diophantus，约201-约285）的名字命名。他在《算术》一书中对这部分内容进行了阐述。

现在让我们来看看这样一个方程，它可以从一个简单的问题演变而来。举例如下：5 美元能买到多少种 6 美分和 8 美分的邮票组合？开始思考这个问题，我们意识到有两个变量必须确定，不妨用 x 代表 8 美分邮票的数量，y 代表 6 美分邮票的数量，则得到方程 $8x + 6y = 500$，然后可以将其化简为 $4x + 3y = 250$。这时我们意识到，虽然这个方程有无穷多个解，但它不一定有无穷多个整数解，而且它不一定有无穷多个非负整数解（正如原问题所要求的那样）。我们要考虑的首要问题是整数解是否存在。

为此，可以借助一条有用的定理。它指出，如果 a 和 b 的最大公因数也是 k 的一个因数（其中 a、b 和 k 是整数），那么在方程 $ax + by = k$ 中，x 和 y 存在无穷多个整数解。这种要求解是整数的方程称为丢番图方程。

由于 3 和 4 的最大公因数是 1，它也是 250 的因数，因此方程 $4x + 3y = 250$ 存在无穷多个整数解。我们现在考虑的问题是，这个方程有多少个正整数解？有一种解决方法是以瑞士数学家莱昂哈德·欧拉的名字命名的，通常被称为欧拉法。首先，我们应该用绝对值最小的系数来求解变量，在上面例子里就是 y，有 $y = \dfrac{250 - 4x}{3}$。我们重写 y 的形式来分离整数部分。

$$y = 83 + \frac{1}{3} - x - \frac{x}{3} = 83 - x + \frac{1-x}{3}$$

现在引入另一个变量 t，让 $t = \dfrac{1-x}{3}$，求得 $x = 1 - 3t$。由于该方程中没有分数系数，因此该代换过程不会重复，否则就必定会重复（即每次都需引入诸如上面的 t 的新变量）。现在代换上述方程中的 x，得到 $y = \dfrac{250 - 4(1-3t)}{3} = 82 + 4t$。根据 t

的各个整数值，将得到 x 和 y 的相应值。列出表 2.1 中的值有助于求解。

表 2.1

t	$\cdots$	-2	-1	0	1	2	$\cdots$
x	$\cdots$	7	4	1	-2	-5	$\cdots$
y	$\cdots$	74	78	82	86	90	$\cdots$

也许通过生成一个更大的表格，我们会注意到 x、y 和 t 的取值可能有多少。（请记住，关于邮票的问题，我们只求 x 和 y 是正整数的解。）然而，这样一个确定 x 和 y 的正整数值的个数的过程并不是很简单。

因此，我们将求解以下不等式。

$$x = 1 - 3t > 0，因此 t < \frac{1}{3}。$$

对于另一个不等式 $y = 82 + 4t > 0$，有 $t > -20\frac{1}{2}$。

这可以记为 $-20\frac{1}{2} < t < \frac{1}{3}$，表明用 5 美元购买 6 分和 8 分邮票时有 21 种组合。

为了更好地理解这个经常被忽视的问题，我们在这里介绍另一个丢番图方程 $5x - 8y = 39$，以加深对这个重要的代数过程的理解。

首先，我们将求解 x，因为它的系数是两个系数中绝对值较小的。

$$x = \frac{8y + 39}{5} = y + 7 + \frac{3y + 4}{5}$$

令 $t = \frac{3y + 4}{5}$，则有：

$$y = \frac{5t - 4}{3} = t - 1 + \frac{2t - 1}{3}$$

因为上式中仍有分式，所以令 $u = \frac{2t - 1}{3}$，则有：

$$t = \frac{3u + 1}{2} = u + \frac{u + 1}{2}$$

上式中再次出现了分式，故令 $v = \dfrac{u+1}{2}$，解得 $u = 2v - 1$。v 的系数是整数，现在我们返回这个过程。通过反向代换，我们得到 $t = \dfrac{3u+1}{2}$。因此，$t = \dfrac{3(2v-1)+1}{2} = 3v - 1$。进一步得到 $y = \dfrac{5t-4}{3}$，因此：

$$y = \frac{5(3v-1)-4}{3} = 5v - 3。\text{ 由 } x = \frac{y+39}{5} \text{ 得：}$$

$$x = \frac{8(5v-3)+39}{5} = 8v + 3$$

现在，根据 $x = 8v + 3$ 和 $y = 5v - 3$，我们解出了方程组，而且可以给出一个值表（见表 2.2）。

表 2.2

v	...	−2	−1	0	1	2	...
x	...	−13	−5	3	11	10	...
y	...	−13	−8	−3	2	7	...

由于 x 和 y 没有被限制只能取正值，因此我们得到了许多解。从古希腊时期开始，这就是代数学的一个重要方面，但这部分内容似乎在学校课程中被漏掉了。

下落的方块

可能你的数学老师为了鼓励你学习二次方程而曾经说过，这种方程会出现在经典物理学中。例如，可以用二次方程来描述物体在重力作用下的自由落体运动。你也会被叮嘱，所用的度量单位很重要，要铭记于心。当我们用英尺（1 英尺 = 0.3048 米）作为长度单位以及用夸特秒（4 夸特秒 = 1 秒）作为时间单位来考虑自由下落的物体时，有意思的事情出现了。

从一栋很高的楼上扔下一个棒球。只要空气阻力可以忽略，那么扔下的物体是什么就不重要，因此棒球符合我们的要求，但是羽毛就不行。

如果我们以英尺为单位记录棒球在 q 夸特秒后下落的距离 s，那么我们就会得到以下事实：$s = q^2$（见图 2.7。）。

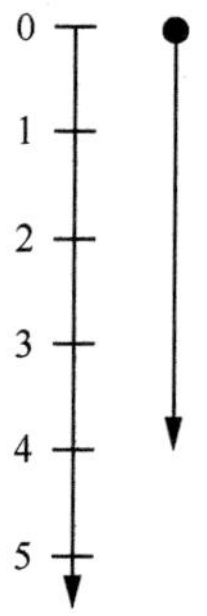

1 夸特秒后，棒球将下降 1 英尺；2 夸特秒后，棒球将下降 4 英尺；3 夸特秒后，棒球将下降 9 英尺，以此类推。

为什么会如此呢？在物理学中，重力加速度 g 的取值是恒定的，t 秒后棒球的位置 s 满足方程 $s = \frac{1}{2}gt^2 + v_0 t + s_0$，其中 v_0 是棒球的初始速度，s_0 是其初始位置。如果棒球只是简单地落下而不是被抛出，那么它的初始速度为零，即 $v_0 = 0$。把初始位置记为零，从零开始测量棒球下落的距离。请注意，如果我们将朝向地面的方向视为正方向，那么 s 就是棒球下落的距离。重力加速度约为 32 英尺/秒²。将这些值代入上述公式中，我们得到：

图 2.7

$$s = \frac{1}{2} \times 32t^2 + 0 \times t + 0$$

$$= \frac{1}{2} \times 32t^2$$

$$= 16t^2$$

因为 1 秒等于 4 夸特秒，即 $q = 4t$，其中 t 的单位是秒。换句话说，$t = \frac{q}{4}$。由此可得：$s = 16 \times \left(\frac{q}{4}\right)^2$，即 $s = q^2$。通过代数与有趣的经典物理学知识的融合，这种存在于自然界中的优美形式得以展现出来。有时，开阔视野是很有必要的。这样，我们才能欣赏到隐藏在我们所生活的世界中的至简大道。

笛卡儿符号法则

你十有八九遇到过形如 $ax^2 + bx + c = 0$ 的方程，我们称之为二次方程。你可以通过因式分解或二次方程求根公式找到它们的根。而遇到像 $x^3 - 2x^2 + 3x - 4 = 0$ 这样的方程的机会显然较少。高次多项式方程也有根，但与二次多项式方程不同的是，学校课程里关于它们的描述要少得多。以法国数学家勒内·笛卡儿（René Descartes,

1596—1650）的名字命名的笛卡儿符号法则可用来描述一般多项式的根的情况。我们可以通过数其中正负号的改变次数来了解正根和负根的个数。

让我们考虑一个例子：$f(x) = x^3 - 2x^2 + 3x - 4$。在这个例子中，我们看到符号发生了 3 次变化。从左到右，符号从 x^3 的没写出来的系数 1 的正号变为 x^2 的系数 -2 的负号，然后从 -2 的负号变为 3 的正号，最后从 3 的正号变为 -4 的负号。

笛卡儿符号法则指出，$f(x) = 0$ 的正根的个数要么等于单项式系数和常数项中符号变化的次数，要么比符号的变化次数小一个 2 的倍数。在我们的例子中，这意味着 $f(x) = 0$ 有三个或者一个正根。

也可以用类似的方法考察 $f(x) = 0$ 的负根。我们采用以前讨论的数正负号的方法分析 $f(-x) = 0$，而不是 $f(x) = 0$。不要让 $f(-x)$ 的形式吓到你。首先回想一下，一个负数的偶数次幂是正数，奇数次幂是负数。要得到 $f(-x)$ 就是改变 $f(x)$ 中所有奇数次项的系数的符号。

$$f(-x) = (-x)^3 - 2(-x)^2 + 3(-x) - 4$$
$$= -x^3 - 2x^2 - 3x - 4$$

多项式 $f(x) = x^3 - 2x^2 + 3x - 4$ 中奇数次项 x^3 和 $3x$ 的系数的符号改变了，而偶数次项 $-2x^2$ 的系数的符号保持不变。注意，在 $f(-x) = -x^3 - 2x^2 - 3x - 4$ 中符号没有改变。因此，由笛卡儿符号法则可知 $x^3 - 2x^2 + 3x - 4 = 0$ 没有负根，而且只可能有一个或三个正根。这没能像二次方程求根公式那样给出对根的本质的准确回答。事实上，在图形计算器或者其他计算软件中画出三次曲线 $y = x^3 - 2x^2 + 3x - 4$（见图 2.8）时会发现该方程只有一个正根，而且没有负根。

要知道的是，笛卡儿生活在 17 世纪，远远早于图形计算器的出现。在我们这个时代，这种高次多项式的图像是在微积分课程中才会研究的，简单的笛卡儿符号法则让好学的学生在研究微积分之前，就可以一窥高次多项式的本质，同时补充了代数和微积分预科的内容。因此，有趣的笛卡儿符号法则是一座跨越这些学科的桥梁，任何有能力数数的学

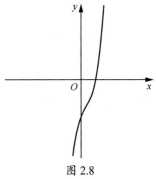

图 2.8

生都能掌握。然而，遗憾的是规范化的数学课程往往忽略了这一点。

多项式求值的霍纳方法

多项式是代数中的一个热门话题，包括多项式的因式分解和求值。英国数学家威廉·乔治·霍纳（William George Horner，1786—1837）给出了一种确定多项式定点处取值的有趣方法，也就是霍纳方法。这种方法可以扩展成另一种因式分解方法。

让我们先看一个例子：$f(x) = 2x^3 - x^2 - 7x + 6$。霍纳方法的思想是这个多项式可以用以下嵌套形式写出。

$$f(x) = [(2x - 1)x - 7]x + 6$$

可以费些功夫展开和化简上面的表达式，以验证它确实与原始表达式等价。当如 $x = 3$ 时，有：

$$f(3) = [(2 \times 3 - 1) \times 3 - 7] \times 3 + 6$$

注意，我们将在下面的计算中给出一个更紧凑的表达形式，不过让我们先看看这个代数表达式表达的是什么。对最里面的括号中的 x 赋值后，得到 $2 \times 3 - 1 = 5$。将 5 代入前面的表达式中，得到下面的结果：$f(3) = (5 \times 3 - 7) \times 3 + 6$。再计算 $5 \times 3 - 7 = 8$，将其代入前面的表达式中，得到下面的式子：$f(3) = 8 \times 3 + 6 = 30$。

这样，我们就得到了 $f(3) = 30$。前面的运算可以按以下步骤进行改写，将 x 的取值 3 写在前面，后面跟着多项式中各项的系数和常数项，则有：

$$3 \mid \begin{array}{cccc} 2 & -1 & -7 & 6 \end{array}$$

在这种表示方式中，水平线上的空间是留给第二行数的，而水平线下的空间是留给第三行数的。计算的第一步是把第一个系数 2 放到第三行中，如下所示。

$$3 \mid \begin{array}{cccc} 2 & -1 & -7 & 6 \end{array}$$
$$2$$

接着把第三行中的 2 与左侧的 3 相乘得到 6，将 6 写在第一行中 –1 的下面，如下所示。

$$
\begin{array}{r|rrrr}
3 & 2 & -1 & -7 & 6 \\
& & 6 & & \\
\hline
& 2 & & &
\end{array}
$$

将 –1 与 6 相加，得到 5，把 5 写在第三行中。注意，到了这一步，这个过程与前面计算 $2 \times 3 - 1 = 5$ 相对应。

$$
\begin{array}{r|rrrr}
3 & 2 & -1 & -7 & 6 \\
& & 6 & & \\
\hline
& 2 & 5 & &
\end{array}
$$

重复这个过程，将第三行中的 5 乘以左侧的 3，然后再加上 – 7，得到 8，如下所示。

$$
\begin{array}{r|rrrr}
3 & 2 & -1 & -7 & 6 \\
& & 6 & 15 & \\
\hline
& 2 & 5 & 8 &
\end{array}
$$

前面这一步对应于 $5 \times 3 - 7 = 8$，最后一步对应于 $8 \times 3 + 6 = 30$，如下所示。

$$
\begin{array}{r|rrr|r}
3 & 2 & -1 & -7 & 6 \\
& & 6 & 15 & 24 \\
\hline
& 2 & 5 & 8 & 30
\end{array}
$$

这个答案 30 通过一条竖线与第三行中的其他数字分开。

当该多项式在 $x = a$ 时的值为 0 时，有趣的事情出现了。在这种情况下，我们知道该多项式能够以 $x - a$ 为因式进行因式分解。作为练习，你可以试着利用霍纳方法计算出 $f(1) = 0$。

$$
\begin{array}{r|rrr|r}
1 & 2 & -1 & -7 & 6 \\
& & 2 & 1 & -6 \\
\hline
& 2 & 1 & -6 & 0
\end{array}
$$

我们知道 $x - 1$ 是 $2x^3 - x^2 - 7x + 6$ 的一个因式，因为该多项式在 $x = 1$ 时的值

为 0。进一步来看，第三行中的数字表明 $2x^2 + x - 6$ 也是一个因式，从而得到以下不完全的因式分解：$2x^3 - x^2 - 7x + 6 = (x - 1)(2x^2 + x - 6)$。这一点让我们想到了综合除法。

通常，学生会采用长除法得到：

$$\frac{2x^3 - x - 7x + 6}{x - 1} = 2x^2 + x - 6$$

基于霍纳方法的综合除法是长除法的一种替代方法。当用因式 $x - a$ 去除时，你可以使用霍纳方法计算多项式在 $x = a$ 时的值。第三行中的数字给出了商多项式中各项的系数和常数项，第三行中的最后一个数字是余数。举另一个例子，根据以前在 $x = 3$ 时的计算，我们得到以下结果。

$$\frac{2x^3 - x^2 - 7x + 6}{x - 3} = 2x^2 + 5x + 8 + \frac{30}{x - 3}$$

霍纳方法很好地补充了你的代数工具箱，提供了多项式求值的一种替代方法。学习霍纳方法实际上为综合除法这种多项式长除法的替代方法的学习打下了基础，而不仅仅是满足了我们的好奇心。综合除法的内容比我们上面所说的要多，我们并没有涵盖所有的情况，但霍纳方法显然在这里起着重要作用，值得在一般的高中数学课堂上讨论。

毕达哥拉斯三元组的生成

毕达哥拉斯定理也许是数学中最著名的定理，其内容是直角三角形斜边的平方等于其他两边的平方和。尽管知道毕达哥拉斯定理的人很多，但对于这个著名定理的代数表达式 $a^2 + b^2 = c^2$，仍有很多内容可以讨论，比如毕达哥拉斯三元组，也就是满足这个方程的整数对 (a, b, c)。可能有些人知道的唯一例子就是 $(3, 4, 5)$，还有些人大概会记得 $(5, 12, 13)$ 也是一个毕达哥拉斯三元组。我们接下来讨论一种能无限生成毕达哥拉斯三元组的简单方法。

从任一大于或等于 3 的正整数开始。这个起始数将是毕达哥拉斯三元组 (a, b, c)

中的 a。有两种情况需要考虑：一种为 a 是奇数的情形，另一种为 a 是偶数的情形。我们先通过具体的例子来介绍这种方法，然后解释它的原理。

考虑 a 是奇数的情形。设 $a=7$，将 a 平方，然后除以 2，也就是计算 $7^2=49$ 以及 $\frac{49}{2}=24.5$。接下来，我们把结果四舍五入后得到 24。24 这个数就是直角三角形的另一条直角边的长度，这个数加 1 就是斜边的长度。设 $b=24$，$c=24+1=25$，则生成的毕达哥拉斯三元组是 $(7, 24, 25)$。很容易由 $49+576=625$ 验证 $7^2+24^2=25^2$。

现在设 $a=8$，这是一个偶数。将 a 除以 2，然后求平方，也就是计算 $\frac{8}{2}=4$ 和 $4^2=16$。16 这个数减 1 是直角三角形的另一条直角边的长度，这个数加 1 就是斜边的长度。令 $b=16-1=15$，$c=16+1=17$，则生成的毕达哥拉斯三元组是 $(8, 15, 17)$。很容易由 $64+225=289$ 验证 $8^2+15^2=17^2$。

为什么这种方法有效？通过一些代数推导就可以说明其中的道理。我们先回顾一下，奇数可以写成 $2m+1$ 的形式，而偶数可以写成 $2m$ 的形式，其中 m 是一个整数。例如，$7=2\times3+1$，$8=2\times4$。

设 a 是一个大于或等于 3 的奇数，则存在某个整数 m，使得 $a=2m+1$。因此，$a^2=(2m+1)^2=4m^2+4m+1$。用 a^2 除以 2，得到 $\frac{(2m+1)^2}{2}=\frac{4m^2+4m+1}{2}$，该式可以写作 $2m^2+2m+\frac{1}{2}$，舍去 $\frac{1}{2}$ 这一项。接着我们设 $b=2m^2+2m$，$c=2m^2+2m+1$，通过以下计算可以证明 (a, b, c) 是一个毕达哥拉斯三元组。

$$a^2=(2m+1)^2=4m^2+4m+1$$
$$b^2=(2m^2+2m)^2=4m^4+8m^3+4m^2$$
$$a^2+b^2=(4m^2+4m+1)+(4m^4+8m^3+4m^2)=4m^4+8m^3+8m^2+4m+1$$
$$c^2=(2m^2+2m+1)^2=(2m^2+2m+1)(2m^2+2m+1)$$
$$=4m^4+4m^3+2m^2+4m^3+4m^2+2m+2m^2+2m+1$$
$$=4m^4+8m^3+8m^2+4m+1$$

对于 a 为奇数的情形，等式 $a^2+b^2=c^2$ 显然成立。

设 a 是一个大于 3 的偶数，则存在某个整数 m，使得 $a=2m$。将 a 除以 2 得到 m，再取平方后得到 m^2。然后设 $b=m^2-1$，$c=m^2+1$，通过以下计算可以证明 (a, b, c)

是一个毕达哥拉斯三元组。

$$a^2 = (2m)^2 = 4m^2$$
$$b^2 = (m^2 - 1)^2 = m^4 - 2m^2 + 1$$
$$a^2 + b^2 = m^4 + 2m^2 + 1$$
$$c^2 = (m^2 + 1)^2 = m^4 + 2m^2 + 1$$

对于 a 为偶数的情形，等式 $a^2 + b^2 = c^2$ 显然也成立。

这种方法使我们可以从任意一个给定的大于或等于 3 的数出发，构造一个毕达哥拉斯三元组 (a, b, c)。要注意的一点是，除了用这种方法构造的一个毕达哥拉斯三元组外，还有其他以 a 开头的毕达哥拉斯三元组。换句话说，这种简单的方法并不能生成所有的毕达哥拉斯三元组。在下面的讨论中，你将看到存在更一般的可以生成所有毕达哥拉斯三元组的方法。这种方法具有一种纯粹的简约之美。当提到毕达哥拉斯定理时，只要了解一些基本的代数运算，那么你能谈的就远不止 $a^2 + b^2 = c^2$，你甚至可以生成无限个毕达哥拉斯三元组，从而加深对该定理的理解。

接下来的问题是，我们如何更简洁地生成本原毕达哥拉斯三元组（即三个数之间没有除 1 以外的公因数的毕达哥斯三元组）？更重要的是，我们怎样才能得到所有的毕达哥拉斯三元组？也就是说，是否存在一个能做到这一点的公式？欧几里得给出的一个公式能给出 a、b 和 c 的值，使得 $a^2 + b^2 = c^2$。

$$a = m^2 - n^2$$
$$b = 2mn$$
$$c = m^2 + n^2$$

我们将通过简单的代数运算来证明 $a^2 + b^2$ 确实等于 c^2。

$$
\begin{aligned}
a^2 + b^2 &= (m^2 - n^2)^2 + (2mn)^2 \\
&= m^4 - 2m^2n^2 + n^4 + 4m^2n^2 \\
&= m^4 + 2m^2n^2 + n^4 \\
&= (m^2 + n^2)^2 \\
&= c^2
\end{aligned}
$$

如果对表 2.3 中的一部分 m 值和 n 值应用这个公式，我们就会看到一个本原三元组的定式，还能发现其他一些可能的定式。

表 2.3

m	n	$a = m^2 - n^2$	$b = 2mn$	$c = m^2 + n^2$	毕达哥拉斯三元组 (a, b, c)	本原
2	1	3	4	5	(3, 4, 5)	是
3	1	8	6	10	(6, 8, 10)	否
3	2	5	12	13	(5, 12, 13)	是
4	1	15	8	17	(8, 15, 17)	是
4	2	12	16	20	(12, 16, 20)	否
4	3	7	24	25	(7, 24, 25)	是
5	1	24	10	26	(10, 24, 26)	否
5	2	21	20	29	(20, 21, 29)	是
5	3	16	30	34	(16, 30, 34)	否
5	4	9	40	41	(9, 40, 41)	是
6	1	35	12	37	(12, 35, 37)	是
6	2	32	24	40	(24, 32, 40)	否
6	3	27	36	45	(27, 36, 45)	否
6	4	20	48	52	(20, 48, 52)	否
6	5	11	60	61	(11, 60, 61)	是
7	1	48	14	50	(14, 48, 50)	否
7	2	45	28	53	(28, 45, 53)	是
7	3	40	42	58	(40, 42, 58)	否
7	4	33	56	65	(33, 56, 65)	是
7	5	24	70	74	(24, 70, 74)	否
7	6	13	84	85	(13, 84, 85)	是
8	1	63	16	65	(16, 63, 65)	是
8	2	60	32	68	(32, 60, 68)	否
8	3	55	48	73	(48, 55, 73)	是
8	4	48	64	80	(48, 64, 80)	否
8	5	39	80	89	(39, 80, 89)	是
8	6	28	96	100	(28, 96, 100)	否
8	7	15	112	113	(15, 112, 113)	是

表 2.3 中的三元组会使我们产生以下一些猜想，当然，这些猜想是能证明出来

的。例如，设 $m > n$，$a = m^2 - n^2$，$b = 2mn$，$c = m^2 + n^2$，当且仅当 m 和 n 互素（它们没有除 1 以外的公因数）时，才会得到本原毕达哥拉斯三元组，并且其中有且仅有一个偶数。

毕达哥拉斯三元组的研究可以认为是无止境的，我们在这里仅仅触及了皮毛。对于那些想进一步探讨这个话题的人，我们推荐一本书《毕达哥拉斯定理：力与美的传奇》（*The Pythagorean Theorem: The Story of Its Power and Beauty*）。

弗罗贝尼乌斯问题

德国数学家费迪南德·格奥尔格·弗罗贝尼乌斯（Ferdinand Georg Frobenius，1849—1917）提出了一个以他的名字命名的数学问题，这个著名的问题是仅使用特定面额的硬币无法凑出的最大金额是多少。让我们从具体的例子出发来考虑一下，看看能否用硬币凑出 0.37 美元。当然，37 枚 1 美分硬币就足够了，所以我们去掉 1 美分硬币。有没有可能不用 1 美分硬币就凑出 0.37 美元，比如说只用 5 分、10 美分和 25 美分硬币？我们稍加思考后就会发现答案是否定的，因为这些硬币的面值都是 5 的倍数。现在设想一个国家只有两种硬币，其中一种的面值为 5，另一种的面值为 7。你能用这两种硬币组合出多少种金额？

假设硬币 A 的面值为 5，硬币 B 的面值为 7。有没有可能用这两种硬币凑出金额 37 呢？在继续讨论之前，你可以先停下来试试。用代数语言来说，我们要寻找非负整数 x 和 y，使得 $5x + 7y = 37$。其中，x 和 y 不能是负数，因为硬币个数为负数是没有意义的。我们解得 $x = 6$，$y = 1$。然而，有些金额不能用硬币 A 和 B 的组合得到。例如，$5x + 7y = 4$ 显然没有解，因为这两种硬币的面值都超过 4。

当正整数 n 足够大时，方程 $5x + 7y = n$ 总是有解的。当只考虑那些没有解的情形时，n 就会存在一个最大值，使得该方程无解。该方程无解时 n 的最大值称为 5 和 7 的弗罗贝尼乌斯数，可表示为 $g(5, 7)$。在这个例子中，$g(5, 7) = 23$。稍后，我们将看到一个计算这种数的简单公式。

对于互素的正整数 a 和 b，弗罗贝尼乌斯问题是求 a 和 b 的弗罗贝尼乌斯数，

也就是求 $g(a, b)$。更一般地，对于 m 个互素的正整数 a_1，a_2，$\cdots$，a_m，弗罗贝尼乌斯问题是求 $g(a_1$，a_2，$\cdots$，$a_m)$。这里的弗罗贝尼乌斯数 $g(a_1$，a_2，$\cdots$，$a_m)$ 是使得 $a_1x_1 + a_2x_2 + \cdots + a_mx_m = n$ 没有非负整数解时 n 的最大值。

一开始研究关于较小的数（如 $a = 5$，$b = 7$）的弗罗贝尼乌斯问题时，通常会采用试错的办法。值得注意的是，当存在 a 和 b 两个生成元的时候，有一个简单的公式，弗罗贝尼乌斯数由 $g(a, b) = ab - a - b$ 给出。在前面的示例中，$g(5, 7) = 5 \times 7 - 5 - 7 = 23$。

更值得注意的是，对于存在三个（或更多）生成元的情形，还没有人发现相应的公式。上面求 $g(a, b)$ 的简单公式是由英国数学家詹姆斯·约瑟夫·西尔维斯特（James Joseph Sylvester，1814—1897）在 19 世纪末发现的。作为一个挑战，费迪南德·格奥尔格·弗罗贝尼乌斯向他的学生提出了寻找计算 $g(a, b, c)$ 或更多元弗罗贝尼乌斯数的公式的问题，因此这个问题被称为弗罗贝尼乌斯问题。100 多年后的今天，这个挑战仍未完成，求 $g(a, b, c)$ 的公式仍不清楚。

弗罗贝尼乌斯问题是数论里面的一个非常有意思的问题，它可以用简单的代数术语说清楚，有一点数学基础的人就能听得懂，但困扰了数学家一个多世纪之久，在看起来简单的外表下隐藏着难以预料的困难。在一些最经典的问题中似乎都能见到类似的情形，它们召唤着一代又一代数学家不懈地努力。

在这一章里，我们体会了代数怎样使我们通过理解数学原理来探索数学中的"奇妙现象"。学校教学当然也能通过参考这些实例而获益，这会使得数学更贴近生活，更加实用，且更引人入胜。

第**3**章　▶▶▶
几何探秘

　　长期以来，数学家一直认为高中几何课程是衡量学生学习高等数学的潜力的良好指标之一。这也许是因为与通常被当作机械过程来教的代数不同，几何教学有助于学习者培养逻辑思维，而这正是学习高等数学的关键。不过，几何这门学科的覆盖面要比高中的学习内容广泛得多。在这一章中，我们将探讨一些在几何中经常被忽视的话题和概念。这会使我们意识到，我们仍然只是触及了这个广阔领域的冰山一角。正如你将看到的，探讨这些主题，显然可以加深我们对几何的理解，提升欣赏水平，同时也会大大增强我们的数学思维。我们将从令人耳目一新的角度开始介绍一些几何基础知识，这有助于你确立几何思维。这一章涵盖相当多的话题，有些你可能已经接触过，但我们将以不同的方式进行讨论。例如，我们将探讨几何课程中最受欢迎的主题之一——毕达哥拉斯定理，大多数人都记得有关表达式 $a^2 + b^2 = c^2$，但对于这条定理的其他内容知道得并不多，所以我们希望能填补这里的一些空白（尽管还没有办法对这个常见的关系给出全面完整的解释）。我们希望做的不仅仅是激发你的兴趣，而且希望激励你去探求这条神奇定理之外的许多奇妙之处。就算你只有高中几何课程的学习背景，你也能在这一章中的诸多内容中了解许多意想不到的事情。

平行四边形和三角形

$A = bh$ 是数学中最著名的公式之一，许多人能立即在矩形线索的提示下认出这个公式。矩形的面积 A 可以用底边 b 乘以高 h 来计算。有些人还会说，这个公式也给出了底边为 b、高为 h 的平行四边形的面积 A。有一种简单的方法可以解释为什么平行四边形的面积公式与更常见的矩形面积公式相同。

在图 3.1 中，可以从平行四边形中剪切出一个直角三角形，并将其移动到平行四边形的另一侧，构成一个矩形。注意，平行四边形和矩形都是由相同的阴影部分和空白部分组成的。阴影部分和空白部分的总面积在重新排列时不会改变。因此，平行四边形的面积与矩形的面积相同。

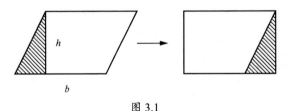

图 3.1

平行四边形的面积公式也可以用来证明三角形的面积公式 $A = \dfrac{1}{2}bh$。

如图 3.2 所示，考虑一个底边为 b、高为 h 的三角形。我们的目标是用两个左侧所示的三角形构造一个右侧所示的平行四边形。注意，空白部分是原来的三角形，而阴影部分的三角形是原来的三角形绕着其右侧边的中点旋转 180° 得到的。阴影部分和空白部分的三角形按对应边拼合后就构成了一个平行四边形，连接原来的三角形上方顶点和底边右侧端点的边就是这两个三角形的公共边。

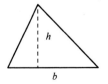
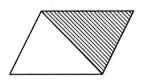

图 3.2

这个平行四边形的面积是 bh，而且组成它的两个三角形的面积相同。因此，每个三角形的面积都是 $\frac{1}{2}bh$。

通过学校教育，我们熟悉了矩形、平行四边形和三角形的面积公式。而借助上面的证明，我们还能看到这几个公式其实是密切相关的。

用网格法计算面积

通常，学校教育倾向于通过基本面积公式来求各种几何图形的面积，而这与所给图形的边的长度息息相关。

例如，求正方形的面积时，我们只需要知道它的一条边的长度，然后进行平方运算就可以了。另一个与正方形有关的平方运算是计算其对角线长度平方的一半。让我们看看图 3.3 中内接于圆的正方形。

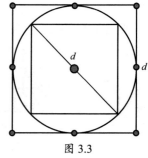

图 3.3

圆内接正方形对角线的长度等于圆的直径 d。由此可得，圆内接正方形的面积为 $\frac{1}{2}d^2$。这是因为如果我们考虑由两条对角线给出的四个直角三角形，则每个直角三角形的面积都是 $\frac{1}{2}\left(\frac{1}{4}d^2\right)$，且这四个直角三角形合在一起就构成了原来的正方形。圆外切正方形的边长为 d（与圆内接正方形对角线的长度相等），面积为 d^2。我们可以通过熟悉的公式 πr^2 得到半径为 $\frac{1}{2}d$ 的圆的面积，$\pi\left(\frac{1}{2}d\right)^2 = \frac{1}{4}\pi d^2$。这也使我们可以比较圆内接正方形、圆外切正方形和圆的面积。例如，圆内接正方形与圆的面积的比值为：

$$\frac{\frac{1}{2}d^2}{\frac{1}{4}\pi d^2} = \frac{2}{\pi}$$

也可以使用坐标网格来比较这几个图形的面积，如图 3.4 所示。

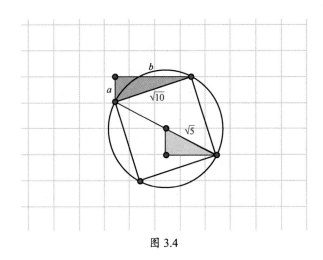

图 3.4

我们构造一个半径为 $\sqrt{5}$ 的圆，它内接一个正方形。借助图 3.4 中的两个阴影三角形，我们发现上方阴影直角三角形的斜边也是圆内接正方形的一条边，记其长度为 s，可根据平行四边形定理求出阴影直角三角形的面积 S。我们想要求出上述直角三角形斜边的长度，也就是毕达哥拉斯方程中的 c。观察网格，我们发现 $a=1$，$b=3$。现在利用平行四边形定理，计算出 $1^2+3^2=S^2$，所以 $S=\sqrt{10}$。现在我们比较正方形和圆的面积，得到：

$$\frac{(\sqrt{10})^2}{\pi(\sqrt{5})^2}=\frac{2}{\pi}$$

还有另一种比较面积的方法，这种方法在学校教育中很少被提到。在下面的情形中，这种方法显得尤其有用。考虑用线段连接正方形 $ABCD$ 的顶点和对边中点，如图 3.5 所示。

这里我们想比较中间阴影部分的小正方形与大正方形 $ABCD$ 的面积。可能有人会问，为什么我们认定中间的阴影部分是一个正方形？显然，阴影部分是一个平行四边形，因为它的两组对边平行。我们可以证明 $\triangle BAH \cong \triangle ADE$，所以 $\angle 1 = \angle 3$。又有 $\angle 1$ 与 $\angle 2$ 互余，因此 $\angle 2$ 与 $\angle 3$ 互余，从而 $\angle AJH = 90°$。由此可知，阴影部分为矩形。又因为整个图形的对称性，我们可以得出结论：此矩形确实是一个正方形。证明了阴影部分是正方形之后，我们回到最初的问题，比较两个正方形的面积。

除了上面展示的方法，我们还可用网格法，如图 3.6 所示。

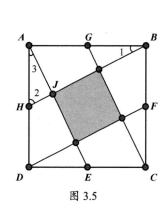

图 3.5

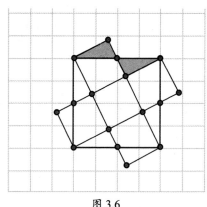

图 3.6

我们先延长中间的小正方形各边所在的线段，再过大正方形的各个顶点作这些延长线的垂线。容易验证阴影部分所示的两个三角形全等。通过沿着大正方形的每条边做合适的替换，我们可以证明斜着的十字形和原来的大正方形的面积相等。剩下的问题就相当简单了，我们能看出中间的小正方形的面积是斜十字形面积的 $\frac{1}{5}$，也是大正方形面积的 $\frac{1}{5}$。

这种方法对于一些比较复杂的情形特别有用。我们这一次考虑大正方形每条边的三等分点（把一条线段分成三等份的点）而不是中点，如图 3.7 所示。我们想知道中间的正方形的面积与外面的大正方形的面积的比值。

我们将再次看到网格怎样帮助我们得到想要的答案。图 3.8 中的全等三角形可以简单地表示为：$\triangle JAB \cong \triangle GCB \cong \triangle EDG \cong \triangle EFJ$。因此，我们很容易证明正方形 $EGBJ$ 的面积和图形 $ABCDEF$ 的面积相等。然后通过计算小方块的个数，我们就能得出结论：正方形 $ASLF$ 的面积是图形 $ABCDEF$ 的面积的 $\frac{2}{5}$。

这种比较面积的方法在一般的学校课程里通常是不展示的，但这种方法比通常介绍的方法简单了许多。另外，这种方法对空间观察能力强于算术能力的学生更有吸引力。

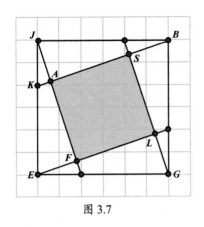

图 3.7

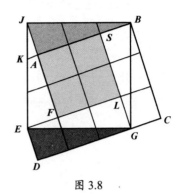

图 3.8

四边形的中心

在学习几何时,我们熟知三角形的中心(也称为重心)是三条中线的交点。然而,如何定位一个四边形的中心在学校的几何课程中似乎被忽略了。一个密度均匀的四边形的重心是可以让此四边形吊起来后平衡的那个点。这个点可以用如下方法找到。设 M 和 N 分别是 $\triangle ABC$ 和 $\triangle ADC$ 的重心,K 和 L 分别是 $\triangle ABD$ 和 $\triangle BCD$ 的重心,如图 3.9 所示。线段 MN 和 KL 的交点 G 就是四边形 $ABCD$ 的重心。

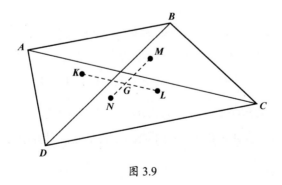

图 3.9

衡心是四边形中与重心相对应的另一类中心,它是连接四边形对边中点的两条线段的交点。若以这个点为支点,在四边形的四个顶点挂上同等质量的重物,则该四边形是可以平衡的。在图 3.10 中,G 是四边形 $ABCD$ 的中心。

我们进一步注意到，在任何一个四边形中，连接对边中点的线段都彼此平分。可以证明，这两条线段其实是由四边形中连接邻边中点的线段构成的平行四边形的对角线，所以它们彼此平分。

在图 3.11 中，点 P、Q、R 和 S 是四边形 $ABCD$ 各边的中点。如前所述，线段 PR 和 QS 的交点 G 是四边形 $ABCD$ 的中心。

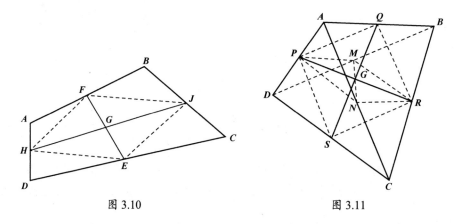

图 3.10   图 3.11

线段 PR 和 QS 与线段 MN 之间的关系非常有意思，其中 M 和 N 是四边形 $ABCD$ 的两条对角线的中点。因此，连接四边形的两条对角线中点的线段被该四边形的中心所平分。

这个结论可以由图 3.11 得证，其中 M 是线段 BD 的中点，N 是线段 AC 的中点，P、Q、R 和 S 是四边形 $ABCD$ 各边的中点。线段 PN 是 $\triangle ADC$ 的中位线（连接三角形两边中点的线段，平行于第三边，并且其长度是第三边长度的一半），由此得到 $PN /\!/ DC$ 且 $PN = \dfrac{1}{2}DC$。

同理，在 $\triangle BDC$ 中，MR 是一条中位线，因此 $MR /\!/ DC$ 且 $MR = \dfrac{1}{2}DC$。

因此，$PN /\!/ MR$ 且 $PN = MR$，进而推出四边形 $PMRN$ 是一个平行四边形。

这个平行四边形的两条对角线彼此平分，这样 MN 和 PR 有一个公共的中点 G，这个点就是以前得到的四边形的中心。四边形中有太多奇妙之处等待我们去发现，我们将会在后面一一介绍。

超越三角形的面积公式

在学校教育中，如何求一个三角形的面积是最让人记忆犹新的内容之一。在最初的学习中，三角形的面积由底边与高的乘积的一半给出（即 $A_{面积} = \frac{1}{2}bh$）。后来，我们学习了一个更复杂的公式。如果给定了三角形的两条边及其夹角，那么就可以利用三角几何学知识得到其面积公式 $A_{面积} = \frac{1}{2}ab\sin C$（见图 3.12）。

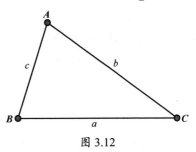

图 3.12

然而学生通常不知道，通过三角形三边的长度，可以求出三角形的面积，即亚历山大的海伦（Heron of Alexandria，10—70，又译作希罗）提出的海伦公式。对于三边长度分别为 a、b 和 c 的三角形，其面积 $A_{面积}$ 可以通过公式 $A_{面积} = \sqrt{s(s-a)(s-b)(s-c)}$ 得到，其中 $s = \frac{a+b+c}{2}$，称为半周长。

举例来说，如果想求出边长分别为 9，10，17 的三角形的面积，我们可以根据这个公式求出 $s = \frac{9+10+17}{2} = 18$，$A_{面积} = \sqrt{18 \times (18-9)(18-10)(18-17)} = 36$。

接下来的内容可能是老师没有教过你的。我们知道每个三角形都有一个外接圆，也就是过该三角形每个顶点的圆。现在我们把圆内接三角形的一个顶点所连接的两边分开，但仍然保持两个端点在圆上，如图 3.13 所示。

也就是说，我们由点 A "分割"出第二个点 A'。我们可以由此构造一个四个顶点都在圆上的四边形，称之为圆内接四边形。这使得我们可以通过考虑新给出的长度为 d 的边 AA'，把海伦公式推广到圆内接四边形，由此得到圆内接四边形的面积公式 $A_{面积} = \sqrt{(s-d)(s-a)(s-b)(s-c)}$。注意，$s-d$ 代替了求三角形面积的海伦公式中的 s。这个奇妙的公式最早是由印度数学家布拉马古普塔（Brahmagupta，598—670）给出的。（顺便说一句，他也被认为是第一个用零进行计算的人。）

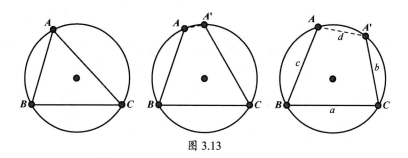

图 3.13

因此，只要给定圆内接四边形各边的长度，就可以求出它的面积。对于边长分别为 7，15，20，24 的圆内接四边形，我们可以使用布拉马古普塔公式得到 $s = \dfrac{7+15+20+24}{2} = 33$，然后得 $A_{面积} = \sqrt{(33-7)(33-15)(33-20)(33-24)} = 234$。

我们还应该注意到，对于任一四边形，不一定可以用这种方法求出其面积，因为这样的图形是不稳定的。也就是说，如果你用四根不同长度的杆来构造四边形，那么就可以构造无穷多个四边形。由于圆内接四边形的所有顶点都位于同一个圆上，其形状是固定的，因此，我们可以计算其面积。

另一种使得给定四边长度的四边形有固定形状的方法是给定其中一组对角的大小。在这种情况下，四边形的面积由以下公式确定。

$$A_{面积} = \sqrt{(s-d)(s-a)(s-b)(s-c) - abcd \times \cos^2\left(\frac{A+C}{2}\right)}$$

其中，A 和 C 是一对对角的角度值。不要被这个公式吓倒，只需注意当这两个角的和为 180° 时，该公式就退化为布拉马古普塔公式了，因为有一对对角互补的四边形就是圆内接四边形。在上面的公式中，$\cos^2\left(\dfrac{180°}{2}\right) = 0$。

这里介绍的内容可能比你预期的还要深刻一点，但只是为了说明有很多像这样相互联系的数学概念，这些内容会极大地丰富一般的高中课程。

海伦三角形

在某些时候，老师可能会让学生用著名的海伦公式来求三角形的面积。如前文所述，设三角形的边长分别为 a、b 和 c，则其面积为 $A_{面积} = \sqrt{s(s-a)(s-b)(s-c)}$，其中 $s = \dfrac{a+b+c}{2}$。很明显，对于许多三角形，由边长决定的面积很可能是一个无理数。于是就有个问题：对于怎样的边长组合，三角形的面积会是一个整数呢？这样的三角形称为海伦三角形。

如果一个直角三角形有整数边，那么其面积是整数也就不足为奇了。直角三角形的面积仅仅是其两条直角边长度乘积的一半，如果至少有一条直角边的长度是偶数，那么其面积就是整数。我们可以通过将有一条直角边长度相等的两个直角三角形拼在一起构造一个海伦三角形，如图 3.14 所示。

两个直角三角形的面积是整数，分别为 30 和 54，因此边长分别为 13，14，15 的大三角形（即沿边 BC 和边 DF 拼合形成的三角形，见图 3.15）的面积为 $30 + 54 = 84$。这可以通过海伦公式来验证：$A_{面积} = \sqrt{21 \times (21-13)(21-14)(21-15)} = 84$。

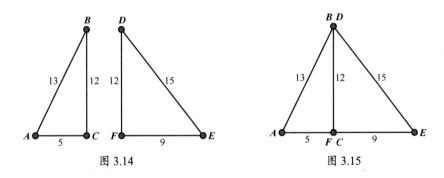

图 3.14　　　　　　　　　　　图 3.15

不是所有的海伦三角形都可以像我们上面所做的那样，通过并置两个直角三角形的方式得到。例如，边长分别为 5，29，30 的三角形的面积为 72，这可由海伦公式得出：$A_{面积} = \sqrt{32 \times (32-5)(32-29)(32-30)} = 72$。因为这个三角形的每条高的长度都不是整数，所以无法通过并置两个直角海伦三角形得到这个三角形。如果我们考虑边长为有理数的直角三角形，那么如我们前面所做的那样，这样的三角形就有可能通过并置两个直角三角形得到。同时，我们应该清楚海伦三角形的每条高的长度都一定是一个有理数。如果我们将上面的海伦三角形切分成两个直角三角形，则二者的边长分别是 $\frac{7}{5}$，$\frac{24}{5}$，5 和 $\frac{143}{5}$，$\frac{24}{5}$，29。

下面给出部分整数边长的海伦三角形，见表 3.1

表 3.1

面积	边长			周长
6	5	4	3	12
12	6	5	5	16
12	8	5	5	18
24	15	13	4	32
30	13	12	5	30
36	17	10	9	36
36	26	25	3	54
42	20	15	7	42
60	13	13	10	36
60	17	15	8	40
60	24	13	13	50
60	29	25	6	60
66	20	13	11	44
72	30	29	5	64
84	15	14	13	42
84	21	17	10	48
84	25	24	7	56
84	35	29	8	72
90	25	17	12	54
90	53	51	4	108
114	37	20	19	76
120	17	17	16	50
120	30	17	17	64
120	39	25	16	80
126	21	20	13	54
126	41	28	15	84
126	52	51	5	108
132	30	25	11	66

面积	边长			周长
156	37	26	15	78
156	51	40	13	104
168	25	25	14	64
168	39	35	10	84
168	48	25	25	98
180	37	30	13	80
180	41	40	9	90
198	65	55	12	132
204	26	25	17	68
210	29	21	20	70
210	28	25	17	70
210	39	28	17	84
210	37	35	12	84
210	68	65	7	140
210	149	148	3	300
216	80	73	9	162
234	52	41	15	108
240	40	37	13	90
252	35	34	15	84
252	45	40	13	98
252	70	65	9	144
264	44	37	15	96
264	65	34	33	132
270	52	29	27	108
288	80	65	17	162
300	74	51	25	150
300	123	122	5	250
306	51	37	20	108
330	44	39	17	100
330	52	33	25	110
330	61	60	11	132

面积	边长			周长
330	109	100	11	220
336	41	40	17	98
336	53	35	24	112
336	61	52	15	128
336	195	193	4	392
360	36	29	25	90
360	41	41	18	100
360	80	41	41	162
390	75	68	13	156
396	87	55	34	176
396	97	90	11	198
396	120	109	13	242

你会注意到有些海伦三角形的面积在数值上等于它们的周长。把这些小亮点呈现在课堂上，会使授课内容生动起来，并激发学生进一步探索的动力。

一个等腰三角形面积的新公式

在古代，初等几何得到了广泛研究。正如我们前面提到的，欧几里得的《几何原本》已经包含了大量几何知识。三角形是平面几何中最基本的图形之一，它们可以被看作构造更复杂的图形的"积木"。每个多边形都可以分解成若干个三角形。我们今天所知的很多与三角形有关的结论，甚至在学校中学到的关于三角形的知识，都可能早已被古希腊的数学家所熟知。研究平面上的三角形并不具有太大的挑战，因为这不需要高等数学知识。每个人都可以借助一张纸和一支笔来研究三角形，推导其面积公式，找出角和边之间的某些关系，搞懂如何构造内切圆或外接圆，等等。

即使为著名的毕达哥拉斯定理给出一个基础的证明也是能做到的，只要你清楚这条定理说了什么，以及你要做的是什么。由于三角形是无数业余和专业数学家研究了几千年的基本图形，人们一般不会期望得到更多关于三角形的新结果。但令人惊讶的是，在这个非常古老的数学领域中仍会有新的发现，尽管不是很多，但时而有新的研究结果被发表出来。这些结果之所以如此有吸引力，是因为尽管它们很基础，任何上过高中并乐于研究几何的人都有可能得到，却一直没有被发现。

美国数学家拉里·霍恩（Larry Hoehn）在 2000 年发现了这样一个新结果。他的论文《一个被忽视的类毕达哥拉斯公式》发表在《数学公报》（*The Mathematical Gazette*）第 84 卷。在引言中，他写道："这个公式肯定被发现过很多次，但它似乎没有出现在数学文献中。"[1] 这个从来未发表的公式是关于什么的呢？考虑等腰三角形 *ABD*（如图 3.16 所示），其中垂直于 *AD* 的线段 *BC* 将该等腰三角形分成两个直角三角形。我们根据毕达哥拉斯定理知道 $c^2 = a^2 + b^2$。

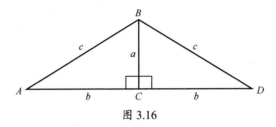

图 3.16

现在我们把点 *C* 移到左边，用 *d* 来表示线段 *CD* 的长度，如图 3.17 所示。霍恩指出 $c^2 = a^2 + bd$，这是一个类似于毕达哥拉斯定理的关系式。更准确地说，它可以理解为毕达哥拉斯定理的推广，因为后者作为一个特例被它所包含。显然，如果线段 *BC* 恰好垂直于段 *AD*，那么 $b = d$，霍恩公式就退化成 $c^2 = a^2 + b^2$。

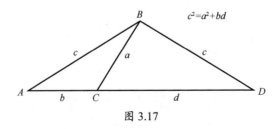

图 3.17

要证明这个新公式，我们先画出对称轴 *BE*，然后作线段 *BC* 关于这条轴的对称线段 *BF*，如图 3.18 所示。

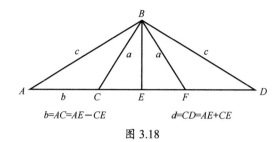

图 3.18

对于直角三角形 *ABE* 和 *BCE*，根据毕达哥拉斯定理，可以得到 $c^2 = AE^2 + BE^2$，$a^2 = BE^2 + CE^2$。将两式相减，得：

$$c^2 - a^2 = AE^2 + BE^2 - (BE^2 + CE^2) = AE^2 - CE^2 =$$
$$(AE - CE)(AE + CE) = AC \cdot CD = bd$$

这个公式还揭示了等腰梯形的边和对角线之间的有趣关系。为了看到这一点，我们沿着线段 *BC* 切割图 3.17 所示的等腰三角形，得到两个三角形，如图 3.19 所示。

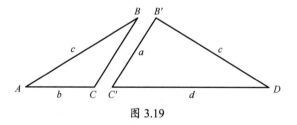

图 3.19

我们反转三角形 *ABC*，将其与三角形 *B'DC'* 拼合在一起，使得点 *A* 与 *B'* 重合，点 *B* 与 *D* 重合。我们得到了一个等腰梯形 *C'B'CD*，其中边 *B'C* 和 *C'D* 平行，*B'D* 是对角线（见图 3.20）。因此，公式 $c^2 = a^2 + bd$ 也可以描述等腰梯形的对角线和边之间的关系。比如，当给定等腰梯形的边时，这个公式可以用来计算对角线的长度。

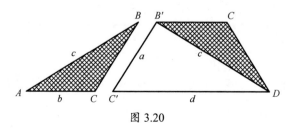

图 3.20

当然，等腰梯形对角线的长度公式也可以用其他方法导出。我们想说的是，如果你发现了某个几何图形中的关系式或者更一般的数学问题的解，那么反复琢磨并尝试将其应用到其他数学情境中里通常都是很有意义的。因此，若我们能从原问题出发，将得到的结果应用到看起来完全不同的新环境当中，那么就可能会带给我们全新的意义。

总之，初等数学仍然是一个巨大的宝藏，其中有许多数学问题和未知关系亟待解答和发现。每个人都可以加入这个探索之旅！

皮克定理

我们很熟悉矩形和三角形的面积计算方法，但是像图 3.21 中的多边形这种看起来很不规则的图形的面积该如何求呢？

当研究几何中的面积问题时，通常首先要了解基本图形（如三角形、矩形和圆）的面积。对于图 3.21 所示的更复杂的图形，标准做法是将其切割成更易于计算的较小的基本图形，然后将这些较小的图形的面积相加，得到整体的面积。

图 3.22 给出了将求上面图形面积的问题简化为计算三角形和矩形面积的过程。练习一下，计算五个三角形和一个矩形的面积，然后把它们加起来，得到总面积。对于此问题，这种方法能帮我们算出阴影部分的面积，但是还有一种更简单的方法，被称为皮克定理。

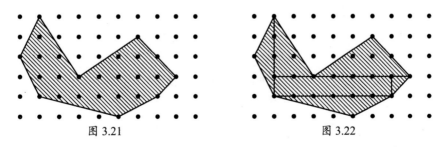

图 3.21　　　　　　　　　　　　图 3.22

图 3.22 中的点被称为点阵点，也就是平面上 x 坐标和 y 坐标都是整数的点。x 轴和 y 轴在这里并不重要，因此它们在图中被省略了。点阵多边形是顶点为点阵点

的多边形。图 3.21 中的多边形就是点阵多边形的一个示例。

皮克定理给出了一个简单的公式，通过点阵多边形中点的个数来计算它的面积。顾名思义，边界点是点阵多边形边界上的点阵点，如图 3.23 所示。我们设边界点的个数为 B。在这个例子中，$B = 9$。

内部点是被包含在点阵多边形内部而不在边界上的点阵点，如图 3.24 所示。我们把 I 定义为内点的个数。在这个例子中，$I = 16$。

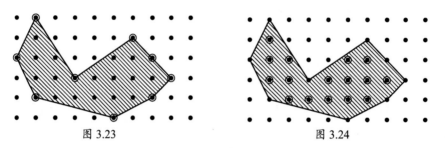

图 3.23   图 3.24

皮克定理指出，点阵多边形的面积 A 可按以下公式计算。

$$A = \frac{B}{2} + I - 1$$

在上面的例子中，多边形的面积为：$A = \frac{9}{2} + 16 - 1 = 19.5$。

当面对比我们熟悉的基本图形复杂的图形时，将它分解为基本图形来简化问题是一种很好的方法。这种化繁为简的思想渗透在数学的许多领域中。皮克定理超乎想象地深刻阐述了这一思想，它把计算点阵多边形面积的问题简化为仅仅计算点的个数的问题。

与圆相交的相交线

也许你知道截距定理，它与两条相交的直线被一对平行线截取所得的不同线段之间的比例有关。图 3.25 给出了在点 P 相交的两条直线以及它们与一对平行线 AB 和 CD 的交点。

基于 △APB 与 △CPD 的相似性，由截距定理可知 $\dfrac{PA}{PC}=\dfrac{PB}{PD}$，也就是过点 P 的一条直线上两条线段长度的比值等于过点 P 的另一条直线上两条线段长度的比值。我们也可以将此关系写成 $PA \cdot PD = PB \cdot PC$。

截距定理与直线有关，而直线是初等平面几何中最基本的几何对象之一。然而，在初等平面几何中也存在其他的"线"，其中最重要的是圆弧和完整的圆。你有没有想过用圆代替截距定理中的一对平行线呢？如图 3.26 所示，那么线段 PA、PC、PB 和 PD 之间还存在数学联系吗？答案是肯定的！存在 $\dfrac{PA}{PB}=\dfrac{PD}{PC}$，这个比值的交叉相乘可表示为 $PA \cdot PC = PB \cdot PD$。

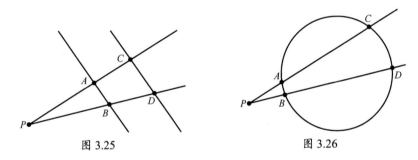

图 3.25　　　　　　　　　　　图 3.26

这对圆内或圆外的任意一点 P 以及穿过点 P 与圆相交的任意两条直线都适用。如果有一条直线，比如说 PAC 与圆相切，也就是 PA = PC（因为点 A 和 C 重合），那么这个命题仍然成立。在证明这条定理之前，让我们用略微不同的方式再来表述一下，以突显它的几何意义。

给定一个圆和一个在这个圆的外面或里面的点 P。如果我们通过点 P 画一条直线，该直线与圆相交于点 A 和 C（可能重合），那么乘积 $PA \cdot PC$ 的值是唯一的，与直线无关。

让我们看看证明过程。这里我们只考虑点 P 位于圆外且两条直线与圆相交两次的情况（也就是说它们是圆的割线）。同时，我们也鼓励你对另外的情形给出证明。点 P 位于圆内的情形如图 3.27 所示。

首先，我们作辅助弦 AD 和 BC，如图 3.28 所示。由于同一条弧（$\overset{\frown}{CD}$）所对的两个圆周角相等, 我们得到∠CAD = ∠CBD。因此, 它们的补角也相等, 即∠PAD = ∠PBC。对于图 3.29 所示的△PAD 和△PBC, 我们可以得出结论: 它们是相似三角形。因为相似三角形的对应边成比例, 我们有 $\dfrac{PA}{PB} = \dfrac{PD}{PC}$, 所以 $PA \cdot PC = PB \cdot PD$。该公式与用平行线截取时的情形相比略有不同, 但仍可比较一下。

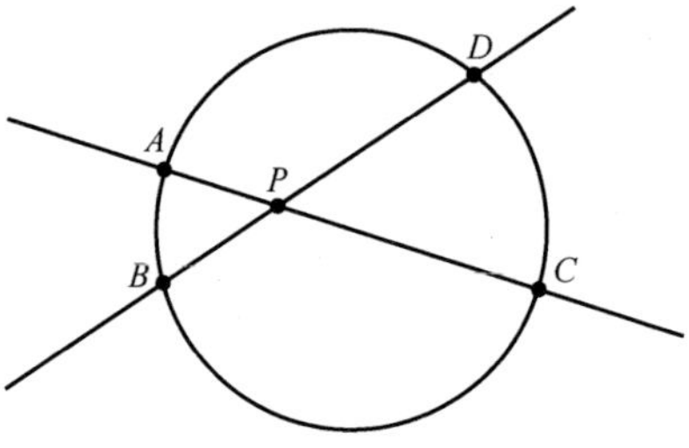

图 3.27

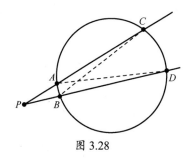

图 3.28

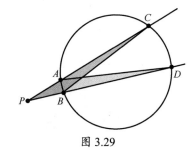

图 3.29

上面展示了线和圆之间这个经常被忽略(特别是在学校课程中)的关系式。希望用这种方法能让你对这一重要关系式有更加深刻的认识。

三角学的起源

在高中阶段开始学习三角学时, 我们首先接触的三个函数是正弦函数、余弦函数和正切函数, 紧接着又学习了三个函数, 即正割函数、余割函数和余切函数。而我们用来建立初始三角函数表的第一个三角函数叫作弦函数。这项工作最先由古希腊天文学家希帕库斯(Hipparchus, 前 190—前 125)完成, 他需要计算月球和太阳轨道的偏心率。所以, 他建立了一个弦函数的值表。让我们考虑一下弦函数以及它与现代三角函数的关系。

在图 3.30 中, 我们有一个等腰三角形, 两条等边的长度为一个长度单位, 夹

角为 φ。我们将 $chord(\varphi)$ 定义为这个等腰三角形底边的长度。

如果画出从点 A 到边 BC 的高，我们发现 BD 的长度是 $\frac{1}{2}chord(\varphi)$。因为 $BD = \sin\left(\dfrac{\varphi}{2}\right)$，我们有 $chord(\varphi) = 2\sin\left(\dfrac{\varphi}{2}\right)$。2 我们也可以将正弦函数表示成 $\sin\varphi = \dfrac{1}{2}chord(2\varphi)$。

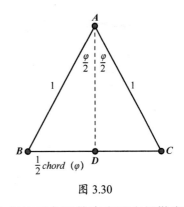

图 3.30

希帕库斯的三角函数表已经失传，现存最古老的三角函数表出现在托勒密（Ptolemy）的《天文学大成》（Almagest）中。2000 多年前完成这样精确的计算，无疑是一项壮举。这里列举一些基本的弦函数，如 $chord(60°)=1$，$chord(90°)=\sqrt{2}$。在这些原始的三角函数表中，角度以 0.5° 为间隔，且函数值能精确到小数点后 6 位！

三角学就是这样开始的，并在此后的几百年里得益于各种著作对这些三角函数表的详细收录而不断发展，其中三角函数的理论我们在高中阶段就学过了。今天，计算器已经取代了三角函数表的功能。

小角的正弦

三角学研究通常要求记住某些特殊角度的正弦值和余弦值，如 30°，45°，60°。对于大多数角度，我们可以用计算器求相应的三角函数值。我们将讨论一个非常好的正弦函数值的近似表达式 $\sin\theta \approx \theta$，不需要用计算器，但它只适用于弧度制的小角度。

我们首先回想一下单位圆（即半径长度为 1 且以笛卡儿平面原点为中心的圆）上的三角学概念。在单位圆上，从点 $(1, 0)$ 开始旋转 θ 弧度角。逆时针旋转时角度为正，顺时针旋转时角度为负。对于我们而言，使用弧度制来表示角度是很重要的。正弦值定义为单位圆上旋转角度为 θ 的点 (x, y) 的 y 坐标，有 $y = \sin\theta$。同样，余弦值是该点的 x 坐标，可表示为 $x = \cos\theta$。

单位圆中正弦和余弦的定义是由直角三角形的三角学演变而来的。从图 3.31 可以看出，角 θ 的 "对边" 的长度为 y，因为它是图中三角形的高。我们还注意到三角形斜边的长度为 1，因为它是单位圆的半径。因此，正弦是 "对边比斜边"，由此得到 $\dfrac{y}{1} = y$。这也是为什么在单位圆中 $y = \sin\theta$。类似地，由 "邻边比斜边" 得到 $x = \cos\theta$。

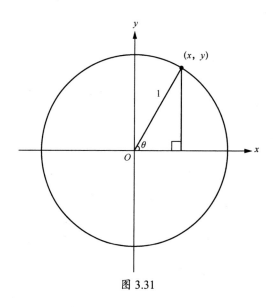

图 3.31

设想我们将半径沿正方向旋转一个小的角度（如图 3.32 所示），结果点 (x, y) 将非常接近起点 $(1, 0)$。在这种情况下，点 (x, y) 和 $(1, 0)$ 之间的小圆弧几乎垂直于 x 轴。对此弧的长度与点 (x, y) 和 $(x, 0)$ 之间的垂线段进行比较，发现角度越小，弧越接近垂线段，因此弧长越接近垂线段的长度 y。由前面的讨论可知，$y = \sin\theta$，因此 $\sin\theta$ 近似等于弧长。弧长正好等于以弧度为度量单位的小角度 θ 本身，因为根据定义，角 θ 的弧度制度数是由弧长除以圆的半径得到的。因此，当 θ 是一个小的弧度制的角度时，我们有 $\sin\theta \approx \theta$。

对于 θ 为负值的情况，需要做一些细微的修改，但证明是类似的，说明 $\sin\theta \approx \theta$ 这种近似也适用于负的小角度。

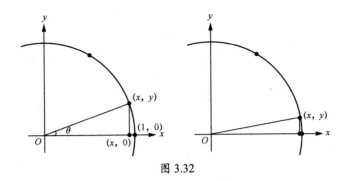

图 3.32

这种弧度制的小角度正弦值的简单近似在物理学、天文学和工程学中很有用。另外，这种近似提供了一个很好的例子来说明弧度制的意义，而这些在学校课程里经常不被提及。

正弦函数新论

在学校教学中，一个角的正弦值通常是直角三角形两边长度的比值，也就是这个给定的角的对边与斜边的比值。然而，正弦函数还存在一个更一般的几何解释，根本不需要用到直角三角形！在学校里这种关于正弦函数的不同观点很少被提及，但这不只是一个不同的观点，也是对角的正弦函数及其几何意义的更好的理解，而且由此给出的正弦定理的另一个证明更能体现其价值。现在，我们来介绍 $\sin\alpha$ 的另一种几何定义。

在半径为 R 的圆中，设 BC 为圆周角 α 所对的弦，如图 3.33 所示。我们可以得出结论：$\sin\alpha = \dfrac{BC}{2R}$。

在开始验证之前，让我们仔细研究一下上面给出的关系式，看看这个定义是否合理。在图 3.34 中，$\angle A'B'C'$ 是直角，因此 $\triangle A'B'C'$ 是斜边 $A'C'$ 等于 $2R$ 的直角三角形。对于图 3.34 所示的特殊情况，我们的新定义实际上与正弦函数的经典定义一致（即对边 $B'C'$ 与斜边 $A'C'$ 的长度之比），接下来给出证明。

我们只需要认识到，一般情形（如图 3.33 所示）确实可以归结到特殊情形，也就是三角形的一条边是圆的直径（如图 3.34 所示）。这是因为 $\angle ABC = \angle A'B'C' = \alpha$，所以 $BC = B'C'$。因此，我们现在可以根据正弦的通常定义，得到 $\sin\alpha = \dfrac{B'C'}{A'C'} = \dfrac{BC}{2R}$，这就是我们想要证明的。

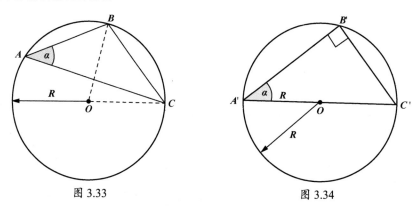

图 3.33   图 3.34

这个关系式给出了一个对任意三角形都有效的、关于角的正弦的几何解释：对于任何给定的三角形，其中一个角的正弦总是等于它的对边长度与这个三角形的外接圆直径长度的比值。直角三角形外接圆的直径等于其斜边。在这种情形下，我们得到了正弦函数的常用定义。

最后，这种正弦函数的另类定义方法也给出了任意三角形中角的正弦之间的关系。通过对方程 $\sin\alpha = \dfrac{BC}{2R}$ 中的项进行简单的重新排列，得到 $\dfrac{BC}{\sin\alpha} = 2R$。考虑到 $\triangle ABC$ 内接于圆且 BC 是 $\angle\alpha$ 的对边，我们发现在任何三角形中，若设边 a，b，c 对应的角分别为 α，β，γ，则三边的长度与其对角正弦的比值必须始终等于三角形外接圆的直径。因此，$\dfrac{a}{\sin\alpha} = \dfrac{b}{\sin\beta} = \dfrac{c}{\sin\gamma}$。这就是正弦定律。

毕达哥拉斯定理的奇妙证明

毕达哥拉斯、欧几里得和詹姆斯·加菲尔德（James Garfield，1831—1881，美国第二十任总统）三人有什么共同特点？三人都证明了毕达哥拉斯定理。前两人应该不奇怪，但是加菲尔德总统呢？他不是数学家，甚至不怎么研究数学。事实上，他的几何学研究是随性且独立完成的，开始于他发表毕达哥拉斯定理证明的 20 多年前。1851 年 10 月，他在日记中写道："我今天在没有课也没有老师的情况下独自开始学习几何。"[2] 担任众议院议员时，加菲尔德喜欢"玩"初等数学，他巧妙地证明了这条著名的定理。1876 年 3 月 7 日，加菲尔德在达特茅斯学院的两位教授的鼓励下去那里讲课，随后将这一证明发表在《新英格兰教育杂志》上。文章开头有一段推荐语（见图 3.35），写道："在一次对俄亥俄州国会议员詹姆斯·加菲尔德将军的个人采访中，我们看到了下面这个新手逆袭式的证明。这是他与其他海军陆战队员在用数学找乐子时偶然得到的。我们觉得从未见过这个证明，并认为在这件事上，参众两院议员可以不分党派地一致认同。"[3]

　　加菲尔德的证明实际上非常简单，可以称得上"漂亮"。我们首先给出两个全等的直角三角形（$\triangle ABE \cong \triangle CED$），使点 B、C 和 E 共线，并构成一个梯形，如图 3.36 所示。也要注意，由于 $\angle AEB + \angle CED = 90°$，$\angle AED = 90°$，所以 $\triangle AED$ 为直角三角形。

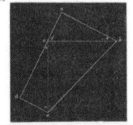

图 3.35

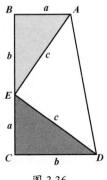

图 3.36

图 3.36 就是加菲尔德证明中的图，让我们看一看。这个梯形的面积为 $A = \frac{1}{2}(a+b)(a+b) = \frac{1}{2}a^2 + ab + \frac{1}{2}b^2$，这三个三角形的面积之和（也就是梯形的面积）是 $\frac{1}{2}ab + \frac{1}{2}ab + \frac{1}{2}c^2 = ab + \frac{1}{2}c^2$。

因为梯形面积的两个表达式是相等的，所以我们得到 $\frac{1}{2}a^2 + ab + \frac{1}{2}b^2 = ab + \frac{1}{2}c^2$，即 $\frac{1}{2}a^2 + \frac{1}{2}b^2 = \frac{1}{2}c^2$，进而得到我们熟悉的毕达哥拉斯定理 $a^2 + b^2 = c^2$。

尽管可能性很小，但加菲尔德也许知道中国汉代早期的"弦图"，如图 3.37 所示。我们可以由"弦图"导出类似于加菲尔德方法的证明。

弦图也可以通过图 3.38 给出。如果我们画出中间较大的正方形的对角线，并考虑这个正方形右侧的阴影梯形，那我们作的图与推导加菲尔德证明的图是相同的。

尽管西方学者认为毕达哥拉斯最早提出了这一几何基本定理，但其他文明也完全可能发现这种关系。学校教育并没有投入很多时间来介绍毕达哥拉斯定理的其他证明。美国数学家以利沙·S. 卢米斯（Elisha S. Loomis, 1852—1940）在 1940 年出版了一本书《毕达哥拉斯定理》[4]，其中包含了毕达哥拉斯定理的 370 种不同证明。从那以后，更多的证明得以发表。我们将介绍其中一个证明，它很少在学校教学中被提及，但非常简单，而且十分有说服力。历史学家认为毕达哥拉斯也用了图 3.39 和图 3.40 所示的证明方法——可能是受地砖图案的启发。

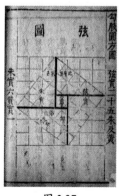

图 3.37

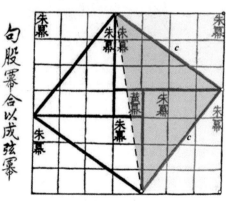

图 3.38

我们从内接在一个正方形内的另一个正方形开始，如图 3.39 所示。各条线段的长度分别被标记为 a，b，c。我们注意到，空白正方形的面积是 c^2。

我们现在移动四个带阴影的直角三角形，并将它们放在大正方形内，如图 3.40 所示。

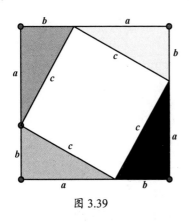

图 3.39

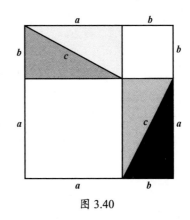

图 3.40

以这种方式放置时，我们注意到空白部分是两个正方形，二者的面积之和是 $a^2 + b^2$。图 3.39 和图 3.40 中空白部分的面积相等，我们由此得到 $a^2 + b^2 = c^2$，也就是毕达哥拉斯定理。

卢米斯还提到毕达哥拉斯定理的最短证明。图 3.41 中有一个直角三角形，已知其斜边上的高。利用图中所示的三个相似的直角三角形之间的关系，我们可以建立以下两个方程。

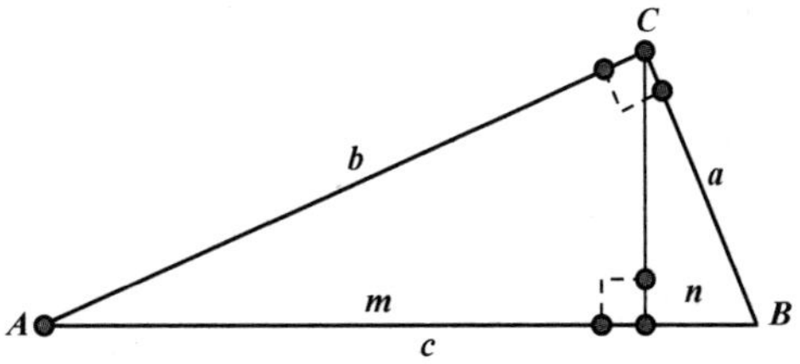

图 3.41

$$\frac{c}{a} = \frac{a}{n}，\text{或者 } a^2 = cn$$

$$\frac{c}{b} = \frac{b}{m}，\text{或者 } b^2 = cm$$

现在把这两个式子的两边分别相加，我们得到：

$$a^2 + b^2 = cn + cm = c^2$$

这就是关于直角三角形 ABC 的毕达哥拉斯定理。

毕达哥拉斯定理有 400 多种证明方法，其中许多方法很巧妙，但有些有点烦琐。然而，没人会用三角函数。为什么？仔细观察后，你会发现不能用三角函数证明毕达哥拉斯定理，因为三角函数的定义基于毕达哥拉斯定理。因此，用三角函数来证明它所依赖的定理就是循环推理。除此之外，毕达哥拉斯定理还有其他奇妙的证明等待你去发现。[5]

超越毕达哥拉斯定理（一）

你可能会说，几个世纪以来，没有一个数学命题比毕达哥拉斯定理更加引人注意。如前所述，这条著名定理有 400 多种不同的证明。遗憾的是，学校课程没有足够的时间来探索这些巧妙的证明。其中，一些证明可以通过简单地看看图就能给出。例如，如果我们考虑毕达哥拉斯定理的基本公式 $a^2 + b^2 = c^2$，就会注意到它可以通过在直角三角形的每一侧放置一个正方形来得到，如图 3.42 所示。

由毕达哥拉斯定理的表述，我们可以得出这样的结论：位于直角三角形的两条直角边上的两个正方形的面积之和等于其斜边上的正方形的面积。

有一个很好的例子佐证了这一说法的正确性，如图 3.43 所示。因为平行四边形的面积等于其底边和底边上的高的乘积，所以，若两个平行四边形共用相同的底边且高相等，则二者的面积相同（正方形也是平行四边形）。从一个图形到下一个图形，注意阴影部分如何从直角三角形

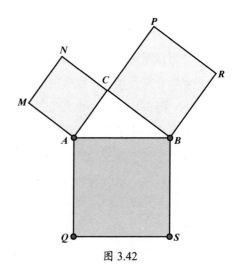

图 3.42

的两条直角边上的正方形变为其斜边上的正方形。我们应该注意到，通过将阴影部分移到第三个位置，平行于线段 *HA* 和 *GB* 的线段 *CK* 也垂直于直角三角形 *ABC* 的斜边，如图 3.43（c）所示。

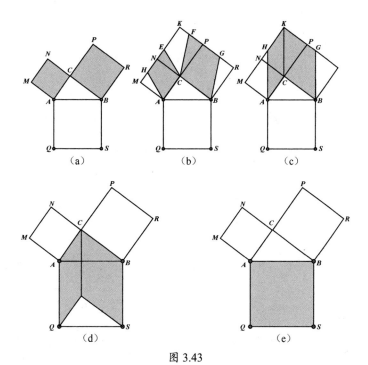

图 3.43

如果我们把直角三角形各条边上的正方形的面积分别记为 S_a, S_b, S_c（如图 3.44 所示），就可以将毕达哥拉斯定理写成 $S_a + S_b = S_c$ 的形式。

仔细看一下，我们很自然地得出一个更普遍的的结果，但这个结果可能是你在学校里没有学过的。如果 $S_a + S_b = S_c$，则 $\frac{1}{2}S_a + \frac{1}{2}S_b = \frac{1}{2}S_c$ 也成立。这给出了"半正方形"面积之间的关系，如图 3.45 所示。

在这两种情况下，$T_a = \frac{1}{2}S_a$，$T_b = \frac{1}{2}S_b$，$T_c = \frac{1}{2}S_c$，因此 $T_a + T_b = T_c$。

事实上，这类结论适用于在直角三角形

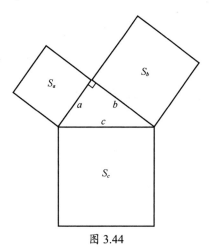

图 3.44

的边上构造出的任何类似的图形。在直角三角形的两条直角边上构造出的两个相似图形的面积之和总是等于在其斜边上构造出的相似图形的面积。

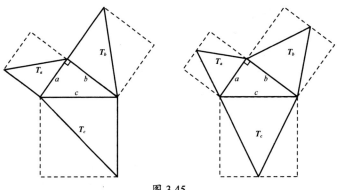

图 3.45

因为等边三角形的一条边和正方形的一条边重合[见图 3.46（a）]，所以该三角形的高为 $a = \sqrt{x^2 - \left(\dfrac{x}{2}\right)^2} = \sqrt{\dfrac{3x^2}{4}} = \dfrac{\sqrt{3}}{2}x$ ，其面积为 $E_x = \dfrac{1}{2} \cdot x \cdot \dfrac{\sqrt{3}}{2}x = \dfrac{\sqrt{3}}{2} \times \dfrac{1}{2}x^2 = \dfrac{\sqrt{3}}{2}T_x$ 。

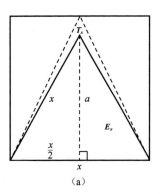

（a）

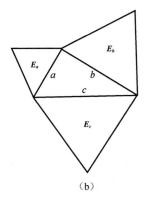

（b）

图 3.46

由图 3.45 可知 $T_a + T_b = T_c$ ，因此有：

$$\frac{\sqrt{3}}{2}T_a + \frac{\sqrt{3}}{2}T_b = \frac{\sqrt{3}}{2}T_c$$

所以，对于图 3.46（b），有：

$$E_a + E_b = E_c$$

在直角三角形的边上构造类似形式的图形时都可以进行相似的讨论，部分例子见图 3.47。

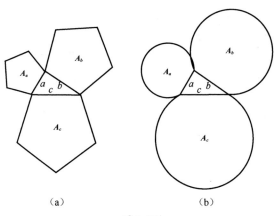

（a）　　　　　　　　　　（b）

图 3.47

在图 3.47 所示的两个例子中，各个图形的面积之间的关系都满足 $A_a + A_b = A_c$。当然，从毕达哥拉斯定理出发，有很多其他的研究方向，其中的一些例子你会在后面两节中见到。

超越毕达哥拉斯定理（二）

正如我们在上一节中所看到的，毕达哥拉斯定理可以推广到在直角三角形的直角边和斜边上构造的其他相似多边形，两个较小的多边形的面积之和始终等于较大的多边形的面积。对于多边形为等边三角形的特殊情况（见图 3.48），我们在上一节中已经看到两个较小的等边三角形的面积之和等于较大的等边三角形的面积，即 $T_3 = T_1 + T_2$。

我们现在将超越毕达哥拉斯定理，把图 3.48 中的直角改为 60°，如图 3.49 所示。

我们得到了四个三角形的面积之间的一个非比寻常的关系：中间三角形的面积与 60° 角对面的等边三角形的面积之和等于其余两个等边三角形的面积之和，用公式

可以写成 $T_0 + T_3 = T_1 + T_2$。为了证明这一点，我们只需重新排列各个三角形，如图 3.50 所示。我们注意到，在大的等边三角形的边上共用顶点的三个角之和为 180°。

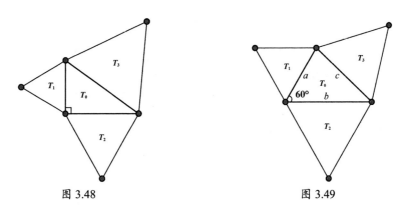

图 3.48   图 3.49

图 3.50（a）显示了一个等边三角形，它由三个图 3.49 中间的三角形环绕 60° 角所对的等边三角形构成。图 3.50（b）中有一个大的等边三角形，它由两个图 3.49 中间的三角形和两个位于 60° 角两侧的等边三角形构成。图 3.50 中这两个等边三角形的面积相等。我们之所以知道这一点，是因为它们的每一条边的长度都是图 3.49 中构成 60° 角的两条线段的长度之和。这使得我们可用图 3.50 中所示的三角形代号建立以下面积关系式：$3T_0 + T_3 = 2T_0 + T_1 + T_2$。该式可化简为以下令人意想不到的等式：$T_0 + T_3 = T_1 + T_2$。

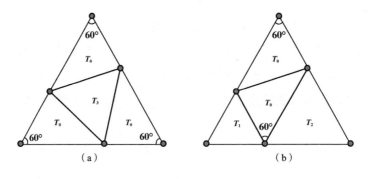

（a）   （b）

图 3.50

从理论上讲，这是余弦定律的一个简单推论。如果图 3.49 中间的三角形的边

长分别为 a，b，c，其中两条边的夹角是 $60°$，那么就可以根据余弦定律得到 $c^2 = a^2 + b^2 - 2ab\cos 60° = a^2 + b^2 - 2ab \times \dfrac{1}{2} = a^2 + b^2 - ab$，或 $ab + c^2 = a^2 + b^2$。仔细观察一个两条边分别为 x 和 y 且夹角为 $60°$ 的三角形（如图 3.51 所示），我们知道此三角形的面积为 $T = \dfrac{1}{2} \cdot x \cdot a_x = \dfrac{1}{2} \cdot x \cdot y \cdot \sin 60° = \dfrac{\sqrt{3}}{4} xy$。

图 3.49 中的三角形都属于上面这种类型，因此 $T_0 = \dfrac{\sqrt{3}}{4} ab$，$T_1 = \dfrac{\sqrt{3}}{4} a^2$，$T_2 = \dfrac{\sqrt{3}}{4} b^2$，$T_3 = \dfrac{\sqrt{3}}{4} c^2$。我们已由余弦定律导出 $ab + c^2 = a^2 + b^2$，因此 $\dfrac{\sqrt{3}}{4} ab + \dfrac{\sqrt{3}}{4} c^2 = \dfrac{\sqrt{3}}{4} a^2 + \dfrac{\sqrt{3}}{4} b^2$，即 $T_0 + T_3 = T_1 + T_2$。

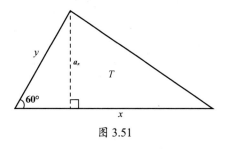

图 3.51

如果把图 3.49 中的 $60°$ 角改为 $120°$，则有 $T_3 = T_0 + T_1 + T_2$；如果把图 3.49 中的 $60°$ 角改为 $30°$，则有 $3T_0 + T_3 = T_1 + T_2$：如果该角增大到 $150°$，则有 $T_3 = 3T_0 + T_1 + T_2$。

超越毕达哥拉斯定理（三）

我们的讨论正在从二维平面上升到三维空间，但你不需要额外做功课就能理解我们在本节中所介绍的内容。事实上，我们甚至会在毕达哥拉斯定理的帮助下，初窥更高维度空间的门庭。但是在进一步探索之前，让我们先停下来，回想一下毕达哥拉斯定理告诉我们的关于矩形的知识。

如图 3.52 所示，长度为 d 的对角线将矩形分成两个边长为 a 和 b 的全等的直角三角形。毕达哥拉斯定理告诉我们，对于这些线段，$a^2 + b^2 = d^2$ 成立。

现在，让我们上升一个维度。与二维矩形相对应的三维几何图形是长方体，长方体的棱只能相互平行或垂直（在三维空间中，两条直线即使不平行也可以没有交点）。在图 3.53 中，我们看到这样一个长方体，其棱长分别为 a，b，c，其对角线长度为 d。

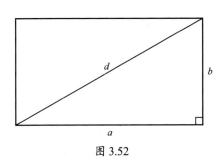
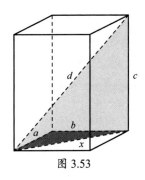

图 3.52   图 3.53

与矩形有两条等长的面对角线相似，长方体有四条等长的体对角线。我们现在可以用 a，b，c 来表示 d。如图 3.53 所示，底面上有一个直角三角形（用深灰色表示），其两条直角边的长度分别为 a 和 b，斜边的长度为 x（这是矩形底面的对角线）。当然，我们可得 $a^2 + b^2 = x^2$。在垂直于底面的一个平面上还有一个直角三角形（用浅灰色表示），其两条直角边的长度分别为 x 和 c，斜边的长度为 d。因此，我们得到 $d^2 = x^2 + c^2 = a^2 + b^2 + c^2$。

我们看到，二维表达式 $a^2 + b^2 = c^2$ 在"更高"的三维情况下有一个非常相似的对应，即 $a^2 + b^2 + c^2 = d^2$。与二维的情况类似，对此我们可以给出一个几何解释。在图 3.54 中，我们看到上述计算中使用的两个边长分别为 a，b，x 和 x，c，d 的三角形被旋转到一个公共平面上。如果我们在得到的阴影四边形的每条边上构造一个正方形，使得它们的面积 S_a，S_b，S_c，S_d 分别等于 a^2，b^2，c^2，d^2，那么我们就可以得到 $S_a + S_b + S_c = S_d$。这再次提醒我们想起前面介绍的等式 $S_a + S_b = S_c$。

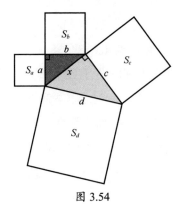

图 3.54

如果我们愿意的话，就可以在体积方面找到一个等价的解释。我们考虑的是一个三维结构，所以只有这样的解释才比较合适。我们以图 3.54 为底面构造一个立体结构，其高为 d。我们可以看到，底面积分别为 S_a，S_b，S_c 的长方体的体积之和等于底面积为 S_d 的长方体的体积。通过在 $S_a + S_b + S_c = S_d$ 两边乘以 d，可以得出：

$$S_a + S_b + S_c = S_d \Leftrightarrow a^2 + b^2 + c^2 = d^2 \Leftrightarrow a^2d + b^2d + c^2d = d^3$$

从二维到三维的这一步可以走得更远。如果我们可以构造一个边在两个相互垂直的方向上的二维图形和一个边在三个相互垂直的方向上的三维图形，那么还有什么能阻止我们构造一个边在四个相互垂直的方向上的"四维"图形呢？当然，我们所处的真实世界是三维的，但是数学的抽象性在什么时候允许自己受到物理现实的限制呢？为了构造这样一个物体能够存在的"四维空间"，我们必须在这个空间中给出扩展后的毕达哥拉斯定理。如果有一个四维物体，其各边相关垂直且长度分别为 a，b，c，e，"对角线"的长度为 d，则 $a^2 + b^2 + c^2 + e^2 = d^2$ 成立。

当然，不止这些。在介绍四维空间的概念时，数学的精确性要求我们给出比现在多得多的说明。

毕达哥拉斯定理的三维推广

在有关毕达哥拉斯定理的最后一节中，我们将从三维的角度对它进行研究。想象一下从长方体上切下一个角。这部分其实是一个四面体，它有三个面是直角三角形。在图 3.55 中，你会看到一个这样的四面体，点 P 是最初的长方体的一个顶点。从这个几何体上可以得到毕达哥拉斯定理的一个有趣的推广，也就是该四面体中三个直角三角形面的面积的平方和等于剩下的三角形面的面积的平方。借助图 3.55 所示的四面体，我们得到了以下结果：$X^2 + Y^2 + Z^2 = S^2$，其中 X，Y，Z，S 分别为 $\triangle ABP$，$\triangle ACP$，$\triangle PBC$，$\triangle ABC$ 的面积。这与

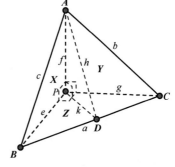

图 3.55

毕达哥拉斯定理非常相似。这个关系式被称为戴高乐定理，以法国数学家让·保罗·戴高德·马尔维斯（Jean Paul de Gau de Malves，1712—1785）的名字命名。德国数学家约翰·法尔哈伯（Johann Faulhaber，1580—1635）和著名的法国数学家勒内·笛卡儿似乎也知道这个关系式。

为了证明这种奇妙的关系，我们首先计算该四面体中三个直角三角形面的面积：

$$X = \frac{ef}{2}, \quad Y = \frac{fg}{2}, \quad Z = \frac{eg}{2}$$

我们构造一个经过线段 AP 的平面，这个平面与三角形 PBC 交于 PD，并使得 PD 垂直于 BC。我们知道 $\triangle ABC$ 的面积是 $S = \frac{ah}{2}$，根据毕达哥拉斯定理可知 $h^2 = f^2 + k^2$，$\triangle PBC$ 的面积是 $Z = \frac{ak}{2}$。因此，$S^2 = \left(\frac{ah}{2}\right)^2 = \frac{a^2h^2}{4}$，则有：

$$\begin{aligned}
4S^2 &= a^2h^2 \\
&= a^2(k^2 + f^2) \\
&= a^2k^2 + a^2f^2 \\
&= 4Z^2 + a^2f^2 \\
&= 4Z^2 + (e^2 + g^2)f^2 \\
&= 4Z^2 + e^2f^2 + g^2f^2 \\
&= 4Z^2 + 4X^2 + 4Y^2
\end{aligned}$$

由此，我们得到了毕达哥拉斯定理在三维空间中的推广公式。无论是在二维平面上还是在更高的维度上，毕达哥拉斯定理都是相关几何领域中的一个关键部分。如果你有兴趣进一步研究这条神奇的定理，我们推荐你阅读《毕达哥拉斯定理：力与美的传奇》。

多面体：棱、面和顶点

在学校课程中，我们把几何学习的重点放在直线和圆弧的长度、相似性、全等性、面积和体积等方面，而不是很注意各种立体图形的棱、面和顶点之间的关系，特别是多面体。著名的瑞士数学家莱昂哈德·欧拉发现了多面体的顶点、面和棱之间存在有趣的数量关系。在深入讨论此问题之前，你需要数一下有关几何体的顶点数（V）、面数（F）和棱数（E），并将这些结果制成表格。你从中看到一种定式了吗？你应该会发现，对于这些数据，以下关系式成立：$V + F = E + 2$。

例如，让我们考虑一个立方体，它有 8 个顶点、6 个面和 12 条棱。它们符合欧拉公式：$8 + 6 = 12 + 2$。

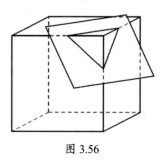

当用一个平面穿过长方体的一个角时，如图 3.56 所示，我们将其中一个顶点与长方体的其余部分分开，构建了一个"三面体"。同时，我们给剩下的部分体添加了一个面、三条棱和三个新顶点，上述公式仍然成立：

图 3.56

$$V + F = E + 2 = (8 + 2) + (6 + 1) = (12 + 3) + 2$$

根据上面的讨论，我们可以得出以下结论：欧拉公式对于任何一个通过平面截掉其顶点、去掉有限多个四面体而得到的多面体都适用。然而，我们希望它适用于所有简单的多面体。为了证明这一点，我们需要说明表达式 $V - E + F$ 的值对于任何多面体来说都与四面体一致。为此，我们需要讨论一个相对较新的数学分支，称之为拓扑学。

如果一个图形可以通过变形、收缩、拉伸或弯曲，而不是通过切割或撕裂与另一个图形重合，则这两个图形在拓扑上是等价的。下面给出一个例子，看看我们怎样只通过揉捏而不是切分把一个物体变成另一个。我们由上面的定义知道茶杯和甜甜圈在拓扑上是等价的。

拓扑学被称为"橡胶片几何学"。如果去掉多面体的一个面，则剩下的图形在拓扑学上等同于平面的一个区域。我们可以使图形变形，直到它在平面上平展开来。生成的新图形不能保持原来的形状和大小，但其边界被保留。平面图形中边和顶点的数量与多面体中棱和顶点的数量相等，多面体的每个面（去掉的面除外）都可看作平面中的一个多边形。除三角形以外，其余的多边形都可以由对角线切割成三角形。每次绘制对角线时，棱的数量增加 1，面的数量也增加 1，因此 $V - E + F$ 的值不变。

外围的三角形有一条边（如图 3.57 中的 $\triangle ABC$）或两条边（如 $\triangle DEF$）在

区域的边界上。我们可以通过删除一个三角形（例如△ABC）来删除一条位于边界上的棱（例如 AC）。此时，面数减少 1，棱数也减少 1，V − E + F 保持不变。如果去掉一个另一种类型的边界三角形（比如△DEF），棱数就会减少 2，面数减少 1，顶点数也减少 1。同样，V − E + F 保持不变。继续重复这个过程，直到只剩下一个三角形。

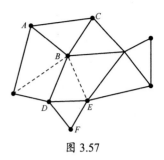

图 3.57

一个三角形有三个顶点、三条边和一个面，因此，V − E + F = 1。所以，多面体通过变形而形成的平面图形都满足 V − E + F = 1。由于消除了一个面，我们得出结论：对于多面体，V − E + F = 2。

这种方法适用于任何简单的多面体。相对于消除一个面后，将多面体扭曲成一个平面，另一种方法可以"将一个面收缩成一个点"。如果一个面被一个点替换，我们将失去该面的 n 条边和 n 个顶点，同时将丢失一个面并获得一个顶点（替换该面的点）。这使得 V − E + F 保持不变。这个过程可以重复下去，直到只剩下 4 个面。因此，对于任何多面体来说，V − E + F 的值都和四面体的一样。四面体有 4 个面、4 个顶点和 6 条棱，因此 4 − 6 + 4 = 2。这是一种不同类型的几何学，它带来了一些全新的乐趣，但内容也许超出了标准课程的范畴。

半圆与直角三角形

圆的面积通常与直线图形的面积不相容。也就是说，构造一个面积等于矩形、一般的平行四边形或者其他任何由直线组成的图形（我们通常称之为直线图形）的面积，是十分不寻常的。然而，借助毕达哥拉斯定理，我们可以构造一个由圆弧构成的、其面积与一个三角形的面积相等的图形。圆面积公式中的 π 一般会阻碍圆的面积与非圆图形的面积相等，因为后者不包含 π。这是由 π 的性质导致的结果，因为 π 是一个很难与有理数相容的无理数。然而，我们还是可以做到如下这点。

让我们考虑一种非常奇怪的形状——月牙形，它由两条圆弧构成。毕达哥拉斯定理指出，直角三角形的两条直角边上的正方形面积之和等于其斜边上的正方形的面积。我们在前面提到，很容易证明这里的"正方形"可以被任何图形所代替，从而得到以下结论：直角三角形的两条直角边上的相似图形的面积之和等于其斜边上的相似图形的面积。图 3.58 给出了两个例子。

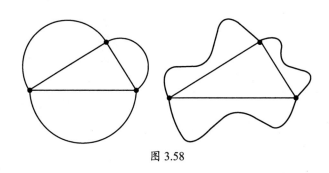

图 3.58

对于半圆的特殊情形，可以这样说：直角三角形的两条直角边上的半圆的面积之和等于其斜边上的半圆的面积。因此，对于图 3.59，我们可以得出三个半圆的面积之间的关系式：

$$P = Q + R$$

我们现在将面积为 P 的半圆以 AB 为轴进行翻转，如图 3.60 所示。

注意由两个半圆组成的月牙形。我们分别将这两个月牙形的面积标记为 L_1 和 L_2，如图 3.61 所示。

在图 3.59 中，我们得知 $P = Q + R$。在图 3.61 中，相同的关系可以写为：

$$J_1 + J_2 + T = (L_1 + J_1) + (L_2 + J_2)$$

从方程两边减去 $J_1 + J_2$，就会得到令人惊讶的结果：$T = L_1 + L_2$。也就是说，一个直线图形（三角形）的面积与两个非直线图形（月牙形）的面积之和相等。这是非常不寻常的，因为圆的面积测度似乎总是涉及 π，而直线图形则不涉及 π，二者一般不能共通！在这里，我们又一次见识了基础数学中的引人入胜之处，这在一般的高中数学课程里不常见到。

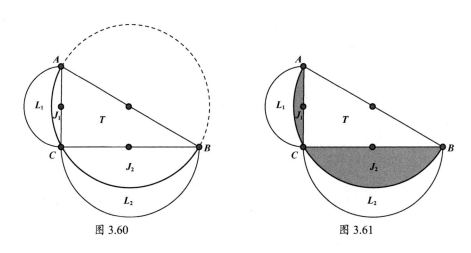

图 3.60　　　　　　　　　　　　图 3.61

三线共点

　　在介绍三角形的三条高、三条中线和三条角平分线分别交于一点时，通常会涉及三线共点。在等边三角形中，这三个共线点会收敛到一个点。然而，许多有趣的三线共点问题没有出现在一般的学校课程中。

　　意大利数学家乔瓦尼·塞瓦（Giovanni Ceva, 1647—1734）提出了一条著名的定理。1678 年，塞瓦证明了一个关于三角形中三条相交的直线的最有名的结论。他指出，过 $\triangle ABC$ 的三个顶点的三条线（见图 3.62）分别与对边相交于点 L，M，N，当且仅当 $\dfrac{AM}{MC} \cdot \dfrac{BN}{NA} \cdot \dfrac{CL}{LB} = 1$ 时，这三条线共点。

　　这条定理的证明使用了标准的几何语言。[7]（关于塞瓦定理的证明，见附录。）

　　简单看一下塞瓦定理就可以注意到，沿三角形三条边的线段长度的交替乘积相等。也就是说，对于图 3.62 中的 △ABC，有 AM・BN・CL = MC・NA・LB。

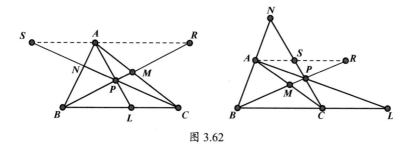

图 3.62

另一个三线共点的例子很容易构造和用塞瓦定理证明，其交点常被称为三角形的热尔岗点。在一般的几何课程中，我们知道三角形内接圆的圆心是由三角形的角平分线的交点决定的。内接圆也有助于我们理解另一个与三角形相关的三线共点问题。在图 3.63 中，我们注意到连接三角形内接圆的切点和相对顶点的直线交于一点，即热尔岗点。它是以其发现者法国数学家约瑟夫・迪亚兹・热尔岗（Joseph Diaz Gergonne，1771—1859）的名字命名的。

在给定三角形的外部，作三个与其三条边相切的圆，并将切点与三角形的相对顶点连接起来，如图 3.64 所示。我们看到 AD，BE，CF 交于点 X。

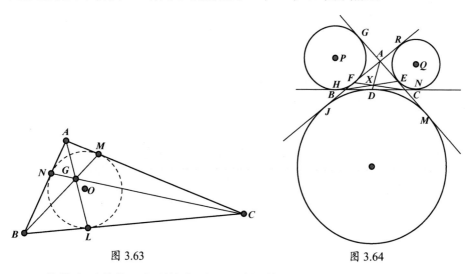

图 3.63　　　　　　　　　　　图 3.64

三线共点可以从三角形推广到圆。法国数学家奥古斯特・密克尔（August

Miquel，1816—1851）在 1838 年提出了一条定理。在图 3.65 中，P，Q，R 分别为三个圆的圆心，点 D，E，F 分别位于 △ABC 的三条边上，这三个圆最终交于公共点 M。这个点通常称为密克尔点。

共点的例子很多，几乎是无穷无尽的，然而在学校课程里，这个问题似乎被忽略了。让我们再看看下面这个令人惊叹的例子。

在图 3.66 中，三个圆心分列为 C_1，C_2，C_3 且半径均为 r 的圆在点 P 相交。这里值得注意的是，三个交点 A，B，D 确定了一个圆心为 C 的圆，这个圆的半径与前面三个圆的半径相等。

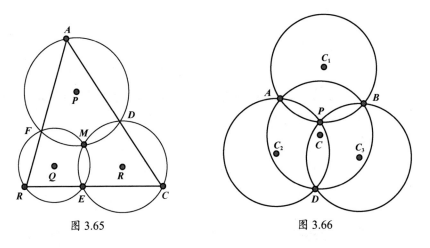

图 3.65　　　　　　　　　图 3.66

很容易证明圆 C 与其他三个圆的大小相同。我们首先画出相应的半径，如图 3.67 所示。我们很容易证明四边形 PC_2DC_3，PC_3BC_1，PC_1AC_2 均为菱形，然后构造另一个菱形 CBC_1A。

在各个菱形中，我们可以看到 C_2D 与 PC_3 和 BC_1 相等且平行，CA 与 BC_1 相等且平行。因此，CA 与 C_2D 相等且平行。这就确定了四边形 $ACDC_2$ 也是菱形，则 $CD = r$。因此，从点 C 到点 A，B，D 的三条线段相等，这表明 C 是过点 A，B，D 的圆的圆心。

我们仅仅触及了三线共点这一问题的皮毛，希望这些能激励你去寻找直线图形和圆中的其他共点形式。

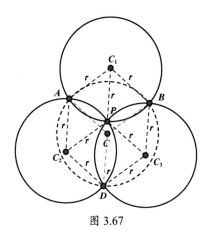

图 3.67

相似与黄金比率

在学校里，你一定学过相似这个数学概念。我们在本章前面（与毕达哥拉斯定理有关的部分）已经讨论过这一点。不妨让我们回顾一下：如果两个图形中对应线段长度的比值相等，则二者相似。图 3.68 展示了一对矩形相似的例子，右侧矩形中所有线段的长度都是左侧矩形中相应线段长度的 1.5 倍。这个关系对于矩形的对角线也适用。

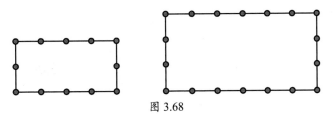

图 3.68

你很可能学过三角形以及其他图形相似的内容。这里有一个问题离我们只有一小步之遥，你也许在学校里没有听说过，但它让人们着迷了几千年。

考虑图 3.69 中的矩形。

大矩形的长和宽分别为 x 和 1。在图中添加一条垂线，将该矩形分为一个正方形（边长为 1，通常称为单位正方形）以及长和宽分别为 1 和 $x-1$ 的矩形。从古至今，人们一直感兴趣的问题是：小矩形是否可能与原来的矩形相似？答案是肯定的，但可以证明只有当 x 取一个特定值时才行。这个值被称为黄金比率，通常用希腊字母 □ 表示，其数值约为 1.618。

由于图 3.69 中较小矩形的长宽之比为 □，我们可以从该矩形中切下一个正方形，得到一个更小的相似矩形。这个过程可以一直进行下去，所生成的矩形都彼此相似，如图 3.70 所示。

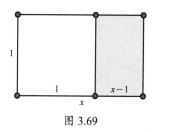

图 3.69

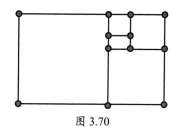

图 3.70

在每一步中，从剩余的矩形中切下一个正方形，得到的新矩形与图中的其他矩形都相似（当然，除正方形以外）。

如图 3.71 所示，当把四分之一圆弧内接在这些正方形中时，会发生一些我们意想不到的事情。（这里只展示无限多段圆弧中的前 6 段。）

由这些四分之一圆弧组成的图形非常接近一种特殊的对数螺线，称为黄金螺线。（如果你熟悉极坐标，就会知道对数螺线是一条可以用极坐标方程 $r = ae^{b\theta}$ 来表示的曲线。）

黄金比率的一条令人难以置信的性质是它自然地蕴藏在正五边形中，这一结果在古代就已为人所知。从历史上看，人们长期迷恋这个比值无疑是有原因的。为了看到这一点，让我们考虑图 3.72 所示的正五边形。

如果五边形 $ABCDE$ 是一个正五边形，那么它的所有边的长度都相等。我们把这个长度设为 1。此外，正五边形对角线的长度也相等，我们将其设为 d。现在，我们可以仔细看看这个图中的一些角。借助两条对角线 AC 和 AD，正五边形可以被切成三个三角形（$\triangle ABC$，$\triangle ACD$，$\triangle ADE$），而正五边形的 5 个内角之和等于这三个三角形的所有内角的和，即 $3 \times 180° = 540°$。因此，正五边形的每个内角都等于 $\frac{1}{5} \times 540°$，即 $108°$。因为 $\triangle ABC$ 是等腰三角形（$AB = BC$），所

以 $\angle BCA = \dfrac{1}{2}(180° - \angle ABC) = 36°$，$\angle ACD = 108° - 36° = 72°$。我们看到 $\triangle ACD$ 也是等腰三角形（$AC = AD$），$\angle CAD = 36°$，$\angle ACD = \angle ADC = 72°$。

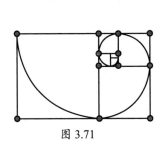

图 3.71

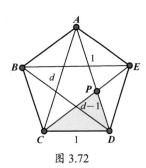

图 3.72

现在，设对角线 AD 和 CE 的交点为 P，考虑 $\triangle CDP$。如我们所知，$\angle PDC = 72°$，$\angle PCD = 36°$，因为 $\triangle ABC$ 和 $\triangle CDE$ 全等。我们可以看到，$\triangle ACD$ 和 $\triangle CDP$ 有两个角对应相等，因此它们相似。所以，$\triangle CDP$ 是等腰三角形，$CP = CD = 1$。由于 $\angle ACP = 72° - 36° = 36°$，且 $\angle CDP = 36°$，所以，$\triangle ACP$ 也是等腰三角形，$PA = CP = 1$。

现在让我们考虑 $\triangle ACD$ 和 $\triangle CDP$ 中相应边的长度。由于这两个三角形相似，我们得到了以下结果：$\dfrac{AC}{CD} = \dfrac{CD}{DP}$，即 $\dfrac{d}{1} = \dfrac{1}{d-1}$。

回顾图 3.69，我们发现这正是黄金比率的定义。因此，正五边形的对角线和边的长度之比的确就是黄金比率。我们注意到，上面这个关系式使得计算 □ 的值非常简单。因为 $\dfrac{\phi}{1} = \dfrac{1}{\phi-1}$ 等价于 □（□ − 1）= 1，或 □² − □ − 1 = 0，我们解这个一元二次方程，得到它的解为 $\dfrac{1}{2} + \sqrt{\dfrac{1}{4} + 1} \approx 1.618$。

点和圆之间的关系

在平面几何中，点是我们能想到的最基本的几何对象。从某种意义上说，点也是最无聊的。其他几何对象（如直线、三角形、圆等）都可以被赋予某些属性（或者我们可以通过这些属性来定义它们）。直线是"直的"，三角形有三个角，圆是"圆的"……但是一个点只是一个点。也就是说，如果我们不使用坐标系的话，孤立点除了存在与否，其本身没有任何其他属性。几何学中的点总是需要通过其他点来获得意义。例如，直线是无穷多个点的集合（对于三角形和圆来说也是如此）。只有与其他点或点的集合相关时，我们才能讨论点的性质，例如一个点与另一个点的距离。一条不太为人所知的性质是相对于一个圆的"点的幂"，这里圆起着"其他点"的作用。通过这个概念，平面上任何一个点相对于一个给定的圆都能与一个实数对应。

所谓点的幂是瑞士数学家雅各布·施泰纳（Jacob Steiner，1796—1863）首先定义的一个概念。在他用德语写成的著作里被称为 *Potenz des Puncts*。如图 3.73 所示，当给定半径为 r、圆心为 O 的圆时，把点 P 相对于该圆的幂（记为 p）定义为点 P 和 O 之间的距离的平方减去圆的半径的平方，即 $p = PO^2 - r^2$。由于这个概念涉及圆和点，因此有时也被称为点 P 的"圆幂"。

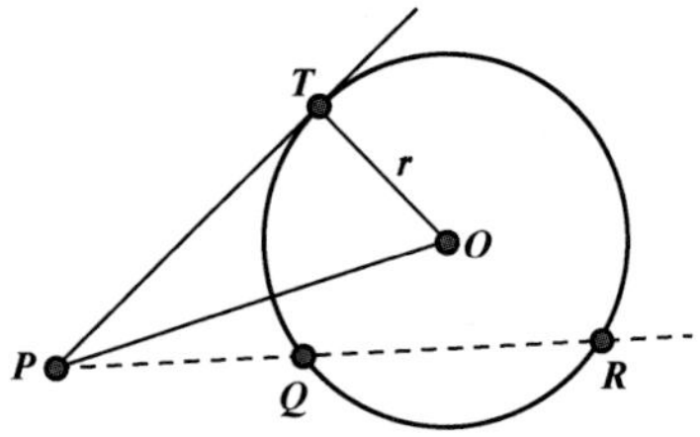

图 3.73

当点 P 位于圆 O 外时，点 P 的幂为正；当点 P 位于圆 O 内时，点 P 的幂为负；当且仅当 $p = 0$ 时，点 P 正好位于圆上。所以，p 的符号确定了点和圆的相对位置，而 p 的绝对值是二者之间的距离的度量。p 也有一个直接的几何解释，也就是说，如果点 P 位于圆 O 的外面（如图 3.73 所示），那么我们就可以根据毕达哥拉斯定理得到 $p = PO^2 - r^2 = PT^2$，其中 T 是圆 O 的切点。值得注意的是，对于经过点 P 与圆 O 交于点 Q 和 R 的任何直线（见图 3.73），乘积 $PQ \cdot PR$ 不变，且等于 p。因此，对于经过点 P 与圆 O 交于点 Q 和 R 的任何直线，我们实际上有 $p = PO^2 - r^2 = PT^2 = PQ \cdot PR$。

有人可能会问，点的幂对于我们来说有什么用呢？让我们来探索一下。假设两个任意直径的圆交于点 Q 和 R。现在作一条经过这两个交点的直线（如图 3.74 所示）那么 QR 上的每个点对于两个圆都有相同的幂。如何建立这种关系？在这条直线上任取一点 P，乘积 $PQ \cdot PR$ 就是它对每个圆的幂。由于 $PQ \cdot PR = PT^2$，这也

意味着从 $PT_1 = PT_2$，其中 T_1、T_2 分别为两个圆的切点。直线 QR 称为这两个圆的根轴（或等幂线）。任意两个圆都存在根轴。如果两个圆相交，则根轴是通过它们的交点的直线。如果两个圆相切，则根轴是两个圆的公切线。对于根轴上的每个点，都只有一个以该点为圆心的圆与两个给定的圆成直角相交（见图 3.74），其交点就是切点 T_1 和 T_2；反之亦然，也就是说与两个给定的圆成直角相交的圆的圆心必定位于根轴上。在阿波罗圆中可以找到这个性质的一个应用，这个应用是由古希腊几何学家佩尔加的阿波罗尼斯（Apollonius of Perga，约前 262—约前 190 年）发现的。

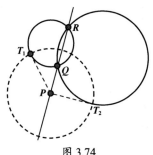

图 3.74

图 3.75 所示的阿波罗圆是两组圆，第一组中的每个圆与第二组中的每个圆成直角相交，反之亦然。第一组中的每一对圆都在所谓的焦点 A 和 B 处相交。如图 3.76 所示，它们都具有相同的径向轴 AB，其圆心位于线段 AB 的垂直平分线上。（上面的四个圆的圆心用点表示出来了。）第二组中的圆（如图 3.76 中的虚线所示）的圆心在 AB 上。要构造这样的一个圆，可取 AB 的延长线上的任意一点 P。从点 P 开始，作某个实线圆的切线，并将切点记为 T。最后，作一个圆心为 P、半径为 PT 的圆。这个圆将与所有实线圆以直角相交，这是因为点 P 位于这些圆的根轴上。因此，从点 P 到任何实线圆的切线段的长度总是相等。点 P 越靠近其中一个焦点，对应的虚线圆就越小。

阿波罗圆作为一种替代方法，可以用来在平面上定位一个点。通常，平面上的一点由其 x 坐标和 y 坐标指定，从而确定该点相对于两条坐标轴的位置。除了使用两条互相垂直的轴来定义平面坐标，我们还可以使用其他坐标系。例如，地球表面的一点是由它的经度和纬度定位的。对于地球表面上的每一个点，都只有一个经度圈和一个纬度圈穿过这一点。类似地，阿波罗圆可以用来为平面上的点指定坐标。给定一个阿波罗圆系的两个焦点，那么平面上的每个点都有两个独特的阿波罗圆经过这个点。通过指定这两个圆的半径，就可以唯一地确定该点的位置。用阿波罗圆定义的坐标在描述两个平行导体周围的电场和磁场时非常有用。如果 A 和 B 代表两个导体（电流方向垂直于纸面，二者的方向相反），那么电场线基本上就像图 3.76 所示的实线圆，而磁场线就像虚线圆。遗憾的是，这种具有现实意义的数学知识往往不在通常的高中数学课程的讲授范围内。

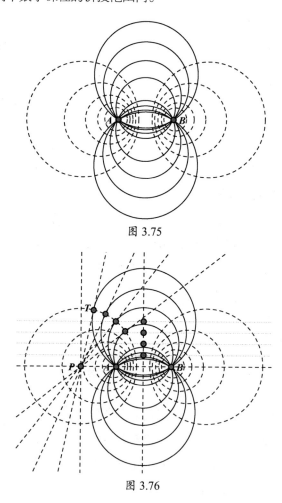

图 3.75

图 3.76

单用圆规作图

在高中几何课程中，用无刻度的直尺和圆规构造几何图形是一个经常被讨论的主题。我们可以画出以下 5 种主要结构，其他结构都是基于这 5 种结构的。

① 一条直线。

② 一个圆。

③ 两条直线的交点。

④ 两个圆的交点。

⑤ 直线和圆的交点。

1797 年，意大利帕维亚大学数学教授、数学家洛伦佐·马斯凯罗尼（Lorenzo Mascheroni，1750—1800）出版了一本名为《几何学》（*Geometria del Compasso*）的书。在这本书中，马斯凯罗尼证明了所有以前需要用到无刻度直尺和圆规的作图实际上都可以单独使用圆规完成。这种作图方法在今天被称为马斯凯罗尼作图法。

1928 年，数学家觉得把这种作图方法称为马斯凯罗尼作图法有点尴尬，因为在那一年丹麦数学家约翰内斯·海尔姆斯列夫（Johannes Hjelmslev）发现他的一位同胞乔治·莫尔（George Mohr，1640—1697）在 1672 年就写过一本与此有关的书。然而，由于人们认为马斯凯罗尼是独立得出这些结论的，所以他的名字至今仍被用来命名这种作图方法。

你可能想知道，如何只用一副圆规就可以画出一条直线？我们知道一条线是由许多点组成的，因此只需要了解如何只使用圆规在给定的直线上根据需要确定尽可能多的点。换言之，虽然你看不到一条连续的直线，但你可以作出一组点，所有这些点都共线，并且彼此之间的关系已确定。如果你有兴趣进一步探讨这个话题，请参阅《圆：直线外的数学探索》（*The Circle:A Mathematical Exploration Beyond the Line*）。

球体和圆柱体

虽然我们在高中学习过如何计算球体的体积和表面积，但球体的表面积和体积与圆柱体的表面积和体积之间的关系常常被我们忽视了。这两组关系的发现要归功于古希腊数学家阿基米德（Archimedes），他从一个完全内接于圆柱体、与圆柱体的侧面和上下底面相切的球体（见图 3.77）导出了这两组关系。

首先比较球体的表面积和圆柱体侧面的面积（也就是说不计算圆柱体的上下底面的面积）。我们知道半径为 r 的球体的表面积是 $4\pi r^2$。现在，我们必须确定与球体相切的圆柱体的侧面面积。圆柱体的侧面面积是底面周长 $2\pi r$ 和高 $2r$ 的乘积，它也等于 $4\pi r^2$。

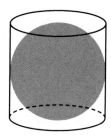

图 3.77

现在让我们对球体和圆柱体的体积做一个类似的比较。我们知道半径为 r 的球体的体积是 $\dfrac{4}{3}\pi r^3$。通过图 3.77，我们可以清楚地看到球体的体积一定小于圆柱体的体积。我们将证明球体的体积实际上是圆柱体体积的 2/3。圆柱体的体积是由其底面积乘以高得到的，在这个例子里是 $(\pi r^2)(2r) = 2\pi r^3$。因此，球体的体积是圆柱体体积的 2/3。

对于高等于底面半径的一半（$h = \dfrac{1}{2}r$）的圆柱体，其侧面面积和底面面积（πr^2）之间还有一个相当有趣的关系。事实上，二者相等。这很容易看出来，因为半径为 r 的底面圆的面积是 πr^2，而该圆柱体的侧面面积等于高 $\dfrac{r}{2}$ 与底面周长 $2\pi r$ 的乘积，也是 πr^2。尽管不符合尺规作图的要求，但如果我们纵向切开圆柱体的侧面并将其展开，那么就将得到一个矩形，其面积等于圆柱体底面的面积。我们有了一个与圆的面积相等的直线图形。在学习立体几何的过程中，错过这些奇妙的现象是很可惜的。

正多边形和星形

正多边形是我们在学校里学到的一个非常基本的概念。当然，这是一种非常特别的经典图形，它是由等长线段组成的闭合图形。为了符合通常意义上的"正"以及其他一些限制条件，正多边形的每对邻边的夹角必须相等。

正多边形的典型例子有等边三角形、正方形和正六边形，如图 3.78 所示。

另一个看起来几乎符合上面要求的图形可以在许多旗帜上和其他地方找到，如图 3.79 所示。

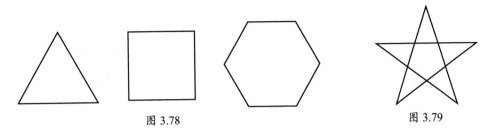

图 3.78　　　　　　　　　　　　　　　　　　图 3.79

看看这个图形,我们发现它满足到目前为止我们所说的正多边形的所有要求。它由 5 条等长的线段组成,其中任何一对在五角星顶点相交的线段所成的角都相等（36°）。

通常,像五角星这样的图形不算在正多边形中。与正方形和正六边形不同,五角星的边相交于端点以外的点。为了使等边等角的多边形符合通常意义上的"正",我们还要求它是"凸"的。

一般来说,对"凸"给出一个简短的定义并不太容易,不过鉴于多边形的情况,用下面的方式来讨论也许是最容易的。考虑给定多边形的一条边所在的直线,这条直线把无限的平面分成两半。如果对于每一条边来说,多边形都完全位于两个半平面中的一个上,那么我们就称这个多边形是"凸"的。这种多边形如图 3.80（a）所示。

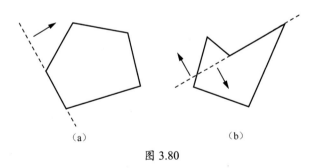

（a）　　　　　　　　　　（b）

图 3.80

如果多边形各有一部分位于两个半平面上,则这个多边形不是"凸"的,如图 3.80（b）所示。五角星显然属于后一种情况,如图 3.81 所示。

仔细观察五角星,我们发现它的顶点也是一个正五边形的顶点（见图 3.82）。这使我们想到寻找其他具有类似性质的星形。

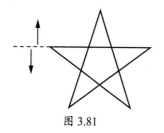

图 3.81

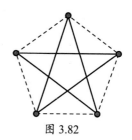

图 3.82

从一个正多边形开始（如图 3.83 中的正七边形），我们可以用线段以对称的方式连接不相邻的顶点来构造星形。

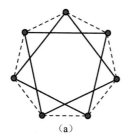
（a）

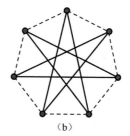
（b）

图 3.83

在图 3.83（a）中，我们将每个顶点跳过一个顶点与下一个顶点连接起来。在图 3.83（b）中，我们将每个顶点跳过两个顶点与下一个顶点连接起来。通常，由正 n 边形的每个顶点与其后的第 k 个顶点相连而得到的星形可以用 $\{n\,|\,k\}$ 表示。图 3.83（a）所示的星形可记为 $\{7\,|\,2\}$，因为我们把一个正七边形的每个顶点与其后的第二个顶点连接起来。类似地，图 3.83（b）所示的星形可记为 $\{7\,|\,3\}$，因为它是通过把正七边形的每个顶点与其后的第三个顶点连接起来而得到的。图 3.82 所示的五角星可记为 $\{5\,|\,2\}$，而正 n 边形可记为 $\{n\,|\,1\}$。

我们现在可以基于这种符号介绍一种简单的方法来讨论这类星形的存在性问题。一方面，我们注意到 $\{n\,|\,1\}$ 表示正 n 边形。另一方面，$\{n\,|\,n-1\}$ 也表示一种正则图形，且在这种图形中，我们将一个正 n 边形的每个顶点与其后的第 $n-1$ 个顶点连接起来。在 n 边形中，逆时针移动 $n-1$ 个顶点与顺时针移动一个顶点是一样的。事实上，我们看到 $\{n\,|\,1\}$ 和 $\{n\,|\,n-1\}$ 指的是同一个图形。同理，对于任意

的 k（$1 \leqslant k \leqslant n-1$），表达式 $\{n \,|\, k\}$ 和 $\{n \,|\, n-k\}$ 表示相同的图形。一般来说，在采用这种记号时，我们可以设 $1 < k \leqslant \dfrac{n}{2}$，这足以表示所有的正星形。

现在注意到，对于某些特定的 k 值，我们不会得到像五角星那样的星形。例如，$\{6 \,|\, 3\}$ 是一个类似于星号的图形，如图 3.84 所示。$\{6 \,|\, 2\}$ 是一个由两个等边三角形组成的星形，如图 3.85 所示。

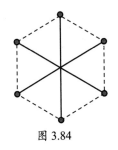

图 3.84

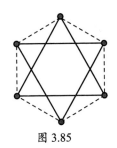

图 3.85

在某些情况下，这种"星形"的概念可能是我们想要的，但我们通常更愿意将星形视为一条闭合的多段线，也就是由线段组成的一个图形，可以在纸上一笔绘制而成，并且起点和终点重合。这只适用于 n 和 k 没有大于 1 的公因数的星形 $\{n \,|\, k\}$，也就是说 n 和 k 互素。

根据这一条件，我们发现，对于给定的 n，要确定存在多少个这样的 n 角星，等价于确定存在多少个与 n 互素且不大于 $\dfrac{n}{2}$ 的整数 k。在星形的几何背景下，"有多少个"这一组合问题显然可以用数论的方法来解决。

图 3.86 展示了更多此类星形的例子。

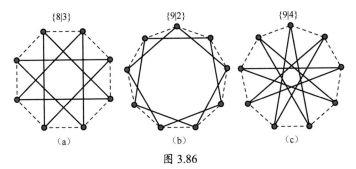

图 3.86

事实上，对于 $n=8$，只存在一个闭合的（折线）星形，即 $\{8|3\}$；对于 $n=9$，只存在两个这样的星形，即 $\{9|2\}$ 和 $\{9|4\}$。你可以尝试亲手画一画 $n=10$ 时的唯一一种星形和 $n=11$ 时的 4 种星形。

柏拉图体与星形多面体

在上一节中，我们将看到对正多边形的严格定义稍加放宽，就可以得到与其密切相关的星形。现在，我们要上升一个维度，考虑一下这个想法被推广到立体几何的三维世界里时会发生什么。

正如平面上的星形是通过系统地连接正多边形不相邻的顶点而产生的一样（回想一下我们是如何通过连接正五边形的顶点来画出五角星的），当我们以这样的方式连接柏拉图体的顶点时，也会产生奇妙的结果。

也许你还记得在上学的时候学习过柏拉图体是所有多面体中最规则的。在图 3.87 中，从左到右依次是正四面体、正六面体（即正方体）、正八面体正十二面体和正二十面体。当然，这些希腊语名称来源于它们各自具有的面数，它们的面数分别是 4，6，8，12，20。

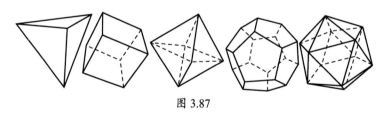

图 3.87

这些立体图形的每一个面都是全等的正多边形，每对邻面形成一个大小相等的二面角。和正多边形一样，我们也要求这些立体图形是"凸"的。在三维空间中，这意味着整个实体位于包含其中一个面的任意平面的一侧，如图 3.88 所示。

现在让我们考虑一下，如果尝试从柏拉图体的顶点开始构造一个新立体，将这些顶点中不相邻的两个连接起来作为一个新的立体图形的棱，则会发生什么？用正四面体和正八面体做这个实验时，没有发生什么特别有趣的事情，在此过程中不会由这两个正多面体生成新的立体图形。然而，连接正六面体的顶点时会产生著名的"八角星"，如图 3.89 所示。

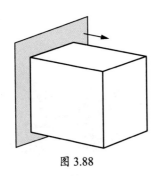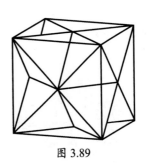

图 3.88　　　　　　　　　　　　　　图 3.89

正六面体侧面（或面）的每条对角线都是"八角星"的一条棱。除此之外，"八角星"还有一些棱。德国天文学家和数学家约翰内斯·开普勒（Johannes Kepler，1571—1630）认为这种立体图形是两个正四面体的结合体，如图 3.90 所示。从这个意义上说，"八角星"并不是一种真正的"新"立体图形。

图 3.90

这两个正四面体相交产生额外的线段，也是"八角星"的棱。它们不连接最初的正六面体的顶点，而是连接其侧面的中点。由于这个原因，"八角星"通常被认为不是一种"正"的星形多面体。

将更复杂的正十二面体或正二十面体的顶点以类似的方式连接起来，会产生全新的星形多面体，其中所有棱都连接柏拉图体的顶点。这些星形多面体通常被称为开普勒-潘索体。它们是以开普勒以及法国数学家和物理学家路易斯·潘索（Louis Poinsot，1777—1859）的名字命名的，二人首先在数学文献中对这种星形多面体进行了全面的论述。

开普勒先给出了小星形十二面体（见图 3.91）和大星形十二面体（见图 3.92），两个世纪后，潘索用大十二面体（见图 3.93）和大二十面体（图 3.94）补全了这类多面体。大星形十二面体的顶点可与正十二面体的顶点重合，而其他三个的顶点也是正二十面体的顶点。

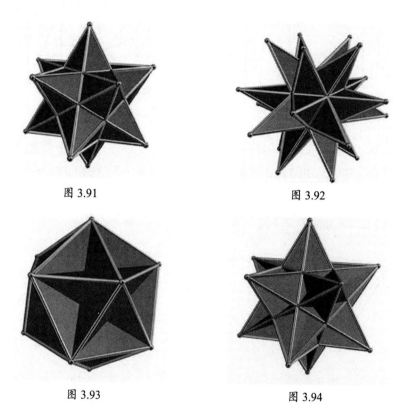

图 3.91 图 3.92

图 3.93 图 3.94

在图 3.95 中，我们看到了三种不同的构造小星形十二面体的方法。在图 3.95（a）中，我们看到了与此星体共顶点的正二十面体的棱。在图 3.95（b）中，我们看到了一个小金字塔（左侧），它形成了此星体的一个"角"。我们可以认为此星体是由 12 个这样的五边金字塔组成的，这些金字塔的底座位于一个正十二面体的表面上，这样金字塔的棱就在正十二面体的棱的延长线上。在图 3.95（c）中，我们看到了一个五角星。我们也可以认为此星体有 12 个这样的五角星作为面。（事实上，正是由于这 12 个面，所以此星体才被称为"十二面体"）。当然此星体不是"凸"的，因为这些面彼此相交。

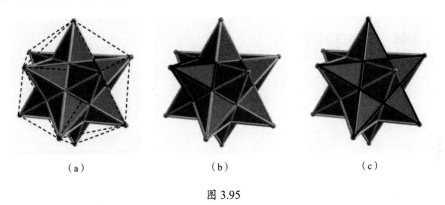

（a）　　　　　　　　（b）　　　　　　　　（c）

图 3.95

类似于我们在图 3.95（c）中看到的，大星形十二面体也有 12 个五角星作为面，但组合方式不同。仔细看一下图 3.92，细心的读者应该能看到这些五角星。大十二面体有 12 个五边形作为（相交）面，大二十面体有 20 个等边三角形作为（相交）面。仔细看一下图 3.93 和图 3.94 就能发现这些。在任何一个多面体的内部都有许多迷人的对称性。难怪这么多世纪以来，它们一直都是许多几何爱好者最喜欢讨论的话题之一。

学校课程只能容纳几何领域的部分内容，课程以外的很多内容是非常有趣的，但理解它们还是要基于在学校课程中学到的知识的。探索这些有趣问题的方法很多，希望你能找得到。我们现在要转向数学的另一个领域，直到近些年学校课程中才添加了这个领域的一些内容，但还没有完全涵盖这个领域的精华，而这正是接下来我们要展示的。

第**4**章 ▶▶▶
概率日常

　　概率这个话题在数学课程中的热度一直在持续上升。回首 50 多年前，这类话题充其量也只到高中最后一年才会被讨论，甚至很少被涉及。许多人在想为什么会这样。或许因为学习概率需要成熟且理性的思考。无论怎么说，概率论中确实有相当多的好例子，如果拿出来讨论，将极大地加深学生对数学的认知。我们先简单介绍一下这一重要数学领域的起源，然后深入探讨一些常见的例子。你会发现其中一些例子非常令人惊叹，但确实是真实的！

概率论的起源

　　概率论诞生于赌博之中。17 世纪，两位著名的法国数学家布莱斯·帕斯卡（Blaise Pascal，1623—1662）和皮埃尔·德·费马（Pierre de Fermat，1601—1665）正在纠结于一个涉及掷硬币的问题。他们思考的游戏是这样的：如果硬币正面朝上，那么玩家 A 就得 1 分；如果硬币反面朝上，那么玩家 B 就得 1 分。对于这个游戏，先得到 10 分的玩家就是赢家。换句话说，如果玩家 A 比玩家 B 先得到 10 分，那么玩家 A 就是赢家。他们要解决的问题是，如果在确定输赢之前游戏被打断，那么下注的钱应该如何在两个玩家之间进行分配？

显然，得分多的玩家应该得到更多的钱。然而，这笔钱应该按什么比例分配给这两个玩家呢？按积分比例分钱公平吗？如果比分是 1 比 0，则会发生什么？这意味着一个玩家会得到所有的钱，而另一个玩家什么也得不到。这似乎不公平。

与其看在游戏中断时的分数，不如看每个人还需要多少分才能达到 10 分。换言之，设想游戏在暂停后继续，这些钱按照两人分别获胜的概率之比来分配。

设游戏在玩家 A 得 7 分、玩家 B 得 9 分的时候中断，要决出赢家最多还得掷三次硬币，结果可以是以下任意一种：HHH、HHT、HTT、THH、TTH、TTT、HTH、THT。其中 H 表示硬币正面朝上，T 表示硬币反面朝上。

若玩家 A 获胜，则他必须掷出 HHH，也就是说只能是 8 种可能性中的一种，其概率为 $\frac{1}{8}$。而玩家 B 掷出其余结果之一即可获胜，其概率为 $\frac{7}{8}$。因此，帕斯卡和费马得出结论：在这场被打断的比赛中，当时的赌注应该按 1∶7 的比例进行分配。

这是导致概率论诞生的最初几个问题之一，它让我们对解决概率问题的思维方式有了初步了解。

本福德定律

当你在学校里学习初等概率时，几乎肯定会遇到离散均匀分布的概念。这个术语用来描述只有有限个可能结果且其中每一个结果发生的可能性都相同的实验或观察。用一种稍微数学化的方法来说，每个可能结果出现的概率相等。

在大多数情况下，即使我们期望遇到的分布是均匀的，它们也往往不是均匀的。事实上，现实生活中的数据以及许多与理论相关的数集都是如此。美国物理学家小弗兰克·阿尔伯特·本福德（Frank Albert Benford Jr.，1883—1948）的研究通过本福德定律解释了这一令人惊讶的事实。不过在开始讨论之前，让我们先回顾一下关于均匀分布的知识。

一个非常典型的例子就是掷硬币。正面和反面朝上的可能性均是 50%，用数学语言说就是正面和反面朝上的概率都等于 $\frac{1}{2}$。另一个例子是掷骰子。在这种情况下，从

1 到 6 中的任何一个数字出现的概率都是 $\frac{1}{6}$。在轮盘赌游戏中，小球落在 0 到 36 中的任何一个数字上的概率都是 $\frac{1}{37}$（或者 $\frac{1}{38}$，如果你玩的是一个包括两个零的轮盘）。

毫不奇怪，与这个概念有关的典型例子来自赌博。我们所说的"机会游戏"是指在不涉及任何技巧和操作的理想情况下，每一种结果出现的可能性应该相等。现代概率论及其在金融、医学、政治和其他领域中的无数应用，都可以追溯到这样的思想。

有趣的是，某种特定情况下的分布是否均匀并不总是显而易见的。接下来，我们将要讨论一个有意思的现象，学校里的老师应该没有介绍过它。

让我们考虑两位数（10 到 99），随机选择其中一个数。某个特定的数字（比如 4）作为这个两位数的第一位数字的概率是多少？我们可以通过简单的计数来得到结果。第一位数字是 1 的两位数共有 10 个（当然是指数字 10~19），第一位数字是 2 的两位数也有 10 个（20~29），以此类推。第一位数字是 4 的两位数也有 10 个，40~49 俱归此类。这意味着随机选择的数的第一位数字是 4 的概率为 $\frac{10}{90}$，即 $\frac{1}{9}$。这样，我们就知道从这组数中随机选择的数的第一位数字为 1~9 中的每一个的概率都是 $\frac{1}{9}$。

接下来，让我们考虑相似的事情，从所有三位数（100~999）中随机选择一个数。同样，第一位数字是 1~9 中的每一个的概率相等，在这 900 个数中有 100 个三位数的第一位数字相同。例如，从 400 到 499 这 100 个数的第一位数字都是 4。类似的讨论适用于所有四位数的集合，以此类推。

这显然也适用于所有一位数的集合。在这种情况下，每个数都是它自己的第一位数字。因此，我们知道，在不超过给定位数的数集（如果我们所取的数最多有四位，那么它们就可以是一位数、两位数、三位数或四位数）中选择一个特定位数的数，其第一位数字是 1~9 中的每一个数字的概率都是 $\frac{1}{9}$。因此，这是一个离散均匀分布（也称为对称概率分布）。

现在有一个简单(但不完全正确)的推论：选取一个数时，某个特定的数字(1～9)出现在第一位上的概率总是相等的。在任一足够大的数集中，这个概率近似等于 $\frac{1}{9}$。如果从正整数的完整集合中进行选择，就可以严格论证这一结论成立。但是从有限的集合中选择一个数时，即使这个集合非常大，这个结论也不正确。假设我们有一本 200 页的书，从 1 到 200 连续编排页码。很明显，这本书有一半以上的页码是以数字 1 开头的，因此第一位数字为 1 的概率大于 $\frac{1}{2}$，当然远大于 $\frac{1}{9}$。在本例中，有 111 页的页码以数字 1 开头，有 12 页的页码以数字 2 开头，有 77 页的页码以其他数字开头（当然不包括 0）。在这种情况下，概率分布是不均匀的。

我们可以想象，如果我们选择的集合足够大，上述概率就会非常接近，而这正是本福德定律的由来。如果一个数集非常大，并且有一些具体的背景(比如电话费、出生率、物理常数、山的高度等)，那么概率往往就会偏向较小的数。其中，1 作为第一位数字的概率约为 30%，然后随着数字的增长，该百分比会下降，9 作为第一位数字的概率约为 5%。事实上，对于数字 $d \in \{1, 2, 3, 4, 5, 6, 7, 8, 9\}$，它出现在第一位上的概率近似等于 $\log_{10}(1 + \frac{1}{d})$。有趣的是，这条定律也适用于许多理论上得到的数，例如 2 的幂次、斐波那契数列、阶乘。

完整地论证这一定律并不容易，但其基本思想与上面提到的页码这个例子有关。当我们计数时，除第一位外，某个数字出现在其余各个数位上的频率往往相等。你马上就会发现 0 永远不可能是第一位数字（除了一位数 0）。当我们计数时，第一位数字只有在下一位数字向前进位时才会改变，并且一旦进位使得位数增多，相当多数的第一位数字就会是 1。例如，在数完前 999 个数以后，接下来的 1000 个数都以数字 1 开头。

本福德定律在确定某些背景下的一个巨大数集的"真实性"时非常有用。这对于区分计算机生成的随机数表和电话号码、社会保险号码或其他账号列表等特别有用。简单的计数就能显示它们的分布是否均匀，或者它们是否符合本福德定律的预期。

生日现象

与概率有关的话题在今天的学校课程中越来越流行，大多数结果在直觉上合乎逻辑。例如，掷硬币时正面朝上的概率是 50%，掷骰子时得到 2 的概率是 1/6。我们知道买彩票中奖的概率很小，但是在概率学中确实有一些结果是违反直觉的。在这里，我们将展示一个可以说是数学中最令人惊讶的结果。这是一种让外行相信概率 "力量" 的好方法，希望这个例子不会扰乱你的直觉。

假设一个房间里有 35 个人，你觉得其中两个人的生日相同的可能性有多大。通常你会凭直觉开始考虑两个人的生日在 365 天中相同的可能性（不考虑闰年）。也许是 365 天的某两天？那么相应的概率应该是 $\dfrac{2}{365} \approx 0.005479$，非常小。

让我们看一下 "随机" 选出的美国前 35 任总统的生日。你会惊讶地发现，有两位总统的生日相同，他们是第十一任总统詹姆斯·K. 波尔克（James K. Polk，生于 1795 年 11 月 2 日）和第二十九任总统沃伦·G. 哈丁（Warren G. Harding，生于 1865 年 11 月 2 日）。对于这 35 个人来说，其中两个人的生日相同的概率超过 80%。

如果有机会，你可以试着检验一下，选择 10 组、每组约 35 人。此时，至少两个人生日相同的概率大于 7/10。是什么导致了这种出人意料的结果呢？这似乎违反直觉。

为了满足你的好奇心，我们将用数学方法研究这种情况。让我们考虑一个有 35 个学生的班级。你认为某个学生的生日与他自己的生日相同的概率是多少？当然是 1，也可以写成 $\dfrac{365}{365}$。

第二个学生的生日与第一个学生不同的概率为 $\dfrac{365-1}{365}=\dfrac{364}{365}$。

第三个学生的生日与第一个和第二个学生不同的概率为 $\dfrac{365-2}{365}=\dfrac{363}{365}$。

35 个学生的生日都不相同的概率等于这些概率的乘积：$p=\dfrac{365}{365}\times\dfrac{365-1}{365}\times$

$$\frac{365-2}{365} \times \cdots \times \frac{365-34}{365}。$$

由于两个学生的生日相同的概率（q）和他们的生日不同的概率（p）之和必须是 1，即 $p+q=1$。

在这种情况下，有：

$$q=1-\frac{365}{365} \times \frac{365-1}{365} \times \frac{365-2}{365} \times \cdots \times \frac{365-34}{365} \approx 0.8143832388747152$$

换言之，在随机选择的 35 人中，至少有两个人的生日相同的概率要比 $\frac{8}{10}$ 大一些。这真的出人意料。接下来，我们研究这个概率函数的本质。先给出一张数据表格供你参考，见表 4.1。

表 4.1

人数	至少有两个人的生日相同的概率
10	0.1169481777110776
15	0.2529013197636863
20	0.4114383835805799
25	0.5686997039694639
30	0.7063162427192686
35	0.8143832388747152
40	0.891231809817949
45	0.9409758994657749
50	0.9703735795779884
55	0.9862622888164461
60	0.994122660865348
65	0.9976831073124921
70	0.9991595759651571

当一个房间里有 55 个人的时候，几乎必然（概率约为 0.99）有两人的生日相同。

现在看一下美国前 35 任总统的死亡日期，你会注意到有两位总统于 3 月 8 日去世 [米勒德·菲尔莫（Millard Fillmore）于 1874 年 3 月 8 日去世，威廉·H·塔夫脱（William H. Taft）于 1930 年 3 月 8 日去世]，三位总统于 7 月 4 日去世 [约

翰·亚当斯（John Adams）和托马斯·杰斐逊（Thomas Jefferson）于 1826 年 7 月
4 日去世，詹姆斯·门罗（James Monroe）于 1831 年 7 月 4 日去世]。

蒙蒂·霍尔问题

在上一节中，我们介绍了一些非常违反直觉的问题，而在这里我们将继续讨论
一个非常有争议的概率问题，它也挑战了我们的直觉。在概率论中有一个相当著名
的问题，虽然它在学校课程中不常被提到，但在报纸、杂志上非常常见。

这个例子源于长期播出的电视游戏节目《我们做个交易吧》，其中有一个相当奇
怪的问题。作为游戏表演的一部分，一个随机挑选的观众作为选手登上舞台，他的
面前有三扇门。他只能选其中一扇门。当然他希望选择后面有车的那扇门，而不是
另外两扇后面各有一头驴的门，因为这会使他赢得一辆车。然而，这个选择过程有
一个特点。在选手做出初步选择后，主持人蒙蒂·霍尔（Monty Hall）打开了其余
两扇门中藏有驴的一扇门。此时，有两扇门没有被打开，其中一扇是选手所选择的，
另一扇是选手未选择的。选手被问到他是想保持原来的选择，还是想选择另一扇未
打开的门。选手该怎么办？两种选择有区别吗？如果有区别，采用哪种策略更好（即
哪种策略获胜的概率更大）？凭直觉，大多数人会说这没有区别，因为那两扇门还
没有被打开，选手最初选中车和另一扇未打开的门后面有车的可能性是一样的。

让我们把整个事件看作一个逐步展开的过程，那么该如何正确地应对就变得清晰起
来。在这三扇门后面有两头驴和一辆车，选手设法得到那辆车。假设他选择了 3 号门。
运用简单的概率思维，我们知道车在 3 号门后的概率是 $\frac{1}{3}$。因此，车位于 1 号门或 2 号

门后面的概率为 $\frac{2}{3}$，见图 4.1。在接下
来的过程中，记住这一点很重要。

知道车藏在哪里的主持人打开了
选手没有选择的两扇门中的一扇门，露
出了一头驴。假设选手选择 3 号门，主

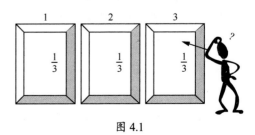

图 4.1

持人展示的是 2 号门（见图 4.2），请记住车位于剩余两扇门（1 号门和 2 号门）之后的概率为 $\frac{2}{3}$。

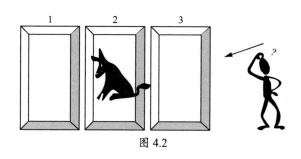

图 4.2

主持人问选手："你是想坚持原来的选择，还是想选择另一扇未打开的门？"我们在前面说过，车位于 1 号门或 2 号门后面的概率为 $\frac{2}{3}$。现在 2 号门被曝光，其后没有车，所以车在 1 号门后面的概率是 $\frac{2}{3}$，而车在 3 号门后面的概率仍然是 $\frac{1}{3}$。因此，选手的理性决定应是改选 1 号门。

这个问题在学术界引起了许多争论，在《纽约时报》以及其他流行刊物上也曾是一个热门话题。科普作家约翰·蒂尔尼（John Tierney）在《纽约时报》（1991 年 7 月 21 日，星期日）上发表的文章中写道："也许这只是一个幻觉，但有那么一刻，数学家、《美国大观》杂志（*Parade Magazine*）的读者和电视游戏节目《让我们做个交易吧》的粉丝之间的激烈争论似乎即将结束。自去年 9 月玛丽莲·沃斯·萨万特（Marilyn vos Savant，1946—）在《美国大观》杂志上发表了一个谜题后，争论就开始了。尽管《问问玛丽莲》专栏的读者每周都会感受到沃斯·萨万特小姐不愧因'智商最高'进入吉尼斯世界纪录名人堂，但她回答某个读者提出的这个问题时，她的证明并没有让公众信服。"她给出了正确答案，但仍有许多数学家为此争论不休。

这是一个非常有趣和受欢迎的问题，而理解本节所传达的观点也是极其重要的。无论如何，概率论都应该成为学校课程的一部分。

伯特兰的盒子

这个问题以法国数学家约瑟夫·伯特兰（Joseph Bertrand，1822—1900）的名字命名，最初发表于 1889 年，它应该会进一步增进你对概率的理解。

想象一下你的面前有三个盒子，第一个盒子里有两枚金币，第二个盒子里有两枚银币，第三个盒子里有金币和银币各一枚。请你从三个盒子中随机取一枚钱币，然后把取出的钱币放在桌子上。若你拿出了一枚金币，那么所选盒子里的另一枚钱币也是金币的概率是多少？

这个问题似乎太容易回答了。游戏中有等量的银币和金币，所以情况必须完全对称，对吗？换句话说，概率必须是 50% 吗？哦，不，那不对！

如果你已经考虑过上一节中的问题，则可能已经知道答案了。你一定要小心，不要贸然下结论。事实上，情况并不是完全对称，因为你知道自己选择的是金币。从这个角度来看，盒子里的另一枚钱币也是金币的可能性不到 50%。因为有两个盒子里至少装有一枚金币，所以你知道自己选择的盒子就是其中之一。其中一个盒子里还有一枚金币，而另一个盒子里有一枚银币。那么，所求概率难道不是 50% 吗？

事实证明，盒子里的另一枚钱币也是金币的概率是 $\dfrac{2}{3}$。有几种方法可以证明这一点。

让我们先讲讲为什么第二枚钱币是金币的概率比银币高。最简单的方法是考虑玩很多次游戏时会发生什么，比如说 300 万次。在每次玩游戏时，你需要先选择一个盒子。因为你选择这三个盒子中的任何一个的可能性都相同，因此选择某一个盒子的期望值大约为 100 万次。如果所选的盒子里有两枚银币，那么你放在桌子上的那枚钱币肯定不是金币。如果所选的盒子里有两枚金币，那么桌上的那枚钱币肯定就是金币。如果你选择 "混装" 盒子，则你选择的钱币是金币的次数将是 50 万次。这意味着桌子上的钱币有 150 万次是金币。在这 150 万次中，另一枚钱币有 100 万次是金币。也就是说，盒子里的另一枚钱币是金币的概率是一百五十万分之一百万，即 $\dfrac{2}{3}$。

还不满意？下面介绍另一种更好理解的方法。

在图 4.3 中，我们用矩形表示盒子，用带阴影的圆圈表示金币，用空白圆圈表示银币。请注意，其中一个盒子里有两枚大小不同的金币。

现在，让我们用略微不同的方式考虑这个问题。我们不需要先选择一个盒子，

然后从盒子里随机选择一枚钱币，而是
随机选择 6 枚钱币中的一枚，然后考虑
所选钱币（已知是金币）与另一枚金币
在同一个盒子中的可能性是多少。因为
一开始就有金币和银币各三枚，所以选
择银币和金币的概率必然相等。

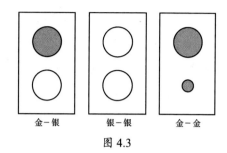

金－银　　　银－银　　　金－金

图 4.3

游戏中有三枚金币，其中只有一枚与银币配对，因此第二次选中金币的概率为 $\frac{2}{3}$。

在最后一种方法中，我们可以借助条件概率。如果把从"金－金"盒中取出一枚金币的概率记为 $P(金 | 金－金)$，把从"金－银"盒中取出一枚金币的概率记为 $P(金 | 金－银)$，把从"银－银"盒中取出一枚金币的概率记为 $P(金 | 银－银)$，那么根据英国统计学家托马斯·贝叶斯（Thomas Bayes，1701—1761）首先提出的贝叶斯法则，我们得到：

$$\frac{P(金 | 金－金)}{P(金 | 金－金)+P(金|金－银)+P(金 | 银－银)} = \frac{1}{1+\frac{1}{2}+0} = \frac{2}{3}$$

换言之，这再次验证了金币是从"金－金"盒中取出来的概率是 $\frac{2}{3}$。这样的思考一定会加深你对概率论的理解。

假阳性悖论

在学校里学习概率论和统计学时，你一定会思考相关概念是如何应用于实际的。这也许是我们在日常生活里最常遇到的话题。日常交易中许多非常重要的数据是以某种简化的统计形式传递给我们的，比如用饼图表示各种成分，用千分数表示平均击球率，用百分比表示某件事发生的概率。

将复杂的数据简化为几个数字可能会导致一些信息丢失，不过仔细研究一下我们根据这些统计信息产生的想法，可能会有意外之喜。一个你可能没在学校里听说过的例子就是所谓的假阳性悖论，这种因对概率解释不清而产生的违反直觉的结果通常出现在疾病检测报告中。接下来，我们讨论一下这类问题。

想象一下，你要去医生那里做一次全面检查，其中一项检查是针对某种疾病的。为了便于讨论，我们称之为 B 症。你被告知这项最近开发的检测技术是有史以来最准确的，准确率高达 99%。一周后，你得到了自己的检测结果，你被告知结果呈阳性。此时的典型反应（但不是我们将看到的数据支持的反应）是想到了最坏的情况，毕竟这项检测的准确率是 99%。这就意味着你有 99% 的概率患上了 B 症，对吧？非也，非也。让我们仔细看看这些数据的含义。

当我们说一项检测的准确率是 99% 时，事实上这并不是非常准确。我们的意思是说在患有此病的人中有 99% 会被诊断出来（因此有 1% 的患者即使患有此病也会被诊断为未患此病，即所谓的假阴性），还是说 99% 的健康人会得到正确诊断？为了简便起见，我们假定这两个假设都成立。（注意，对于这种类型的实际检测，这些数据通常不相同，假阳性的百分比通常与假阴性的百分比不同。）我们进一步假设参加检测的人中的 99% 得到了正确的结果，剩下 1% 的人得到了不正确的结果。这似乎意味着检测结果呈阳性的人中的 99% 患上了 B 症。

为了证明这是不正确的，最简单的方法是考虑一个假想的特定人群并详细检查他们的数据。设想我们正在对 10 万人进行检测，需要对其中实际患病的人数做出一些假设。我们假设总人口中有 0.1% 的人患有 B 症，这意味着在这 10 万人中有 100 人患有 B 症，其余的 99900 人没有患上 B 症。这些假设为我们提供了表 4.2 中收集的数据。

表 4.2

检测人群	检测结果呈阳性	检测结果呈阴性	总计
患上 B 症	99	1	100
未患 B 症	999	98901	99900
总计	1098	98902	100000

在 100 名患者中，99 人的检测结果呈阳性，1 人的检测结果呈阴性，因为检测的准确率为 99%。在 99900 名健康人中，也有 1% 的人呈阳性。这意味着 99900 人

中有 999 名健康人的检测结果为阳性，98901 人的检测结果为阴性。加上这些数字，我们看到 1098 人的检测结果呈阳性。这意味着在检测结果呈阳性的人中，只有 $\frac{99}{1098}$（即约 9.2%）的人患上了 B 症。换句话说，即使你的检测结果呈阳性，你没有患病的概率仍然为 90.8%。这与我们原来设想的 1% 相差甚远。

事实上，某种疾病在总人口中的流行程度越低，阳性检测结果代表实际患病的可能性就越小。如果只有 0.01% 的人患病，这个比例就会下降到 $\frac{99}{99+99999} \approx 0.1\%$。我们发现，即使你的检测结果呈阳性，你仍然不太可能真的患病，尤其是当患病率很低的时候。这就是为什么在这种情况下需要做更多的检测。当然，连续两次假阳性的可能性要小得多，第二次检测会让我们更好地了解实际情况。

如果你的检测结果呈阴性，那么你没有患病的可能性就相当高。让我们再考虑一下检测人口中的数字。在 98902 个检测结果为阴性的人中，98901 人实际上没有被感染。因此，检测结果呈阴性的人实际上没有患病的概率等于 $\frac{98901}{98902} \approx 99.999\%$。这个概率如此之高，几乎可以被认为是统计意义上的必然结果。

这些令人惊奇的例子是典型的条件概率。研究这样的概率数据需要慢慢习惯，而且要特别注意在处理这种问题时不要受制于任何惯性思维。我们再次看到，学校课程里应该多教授这种奇妙的概率论内容，这很有现实意义。

帕斯卡三角形

帕斯卡三角形也许是最著名的三角形数列之一，它是以法国数学家布莱斯·帕斯卡的名字命名的。虽然在学校里它很可能是在讲到二项式定理或有关概率论的内容时引入的，但它本身也有很多其他有趣的性质，其中许多可以帮助我们提高数学鉴赏能力。让我们看看这个三角形数列是如何构造的。从 1 开始，第二行是 1 和 1，后续每一行的开头和结尾都是 1，其他数是通过将其上方左右相邻的两个数相加得到的。按照这种模式，我们将得到以下结果：

$$1$$
$$1\ 1$$
$$1\ 2\ 1$$
$$1\ 3\ 3\ 1$$

将这种模式继续下去，下一行将是 1，1 + 3，3 + 3，3 + 1，1，即 1，4，6，4，1。更大的帕斯卡三角形如图 4.4 所示。

```
                    1
                  1   1
                1   2   1
              1   3   3   1
            1   4   6   4   1
          1   5  10  10   5   1
        1   6  15  20  15   6   1
      1   7  21  35  35  21   7   1
    1   8  28  56  70  56  28   8   1
  1   9  36  84 126 126  84  36   9   1
1  10  45 120 210 252 210 120  45  10   1
```

图 4.4

下面掷硬币的例子中出现了帕斯卡三角形（见表 4.3）。

表 4.3

硬币数量	出现头像的数量	频率
1 枚硬币	1	1
	0	1
2 枚硬币	2	1
	1	2
	0	1
3 枚硬币	3	1
	2	3
	1	3
	0	1
4 枚硬币	4	1
	3	4
	2	6
	1	4
	0	1

　　帕斯卡三角形之所以如此引人注目是因为它在许多数学领域中都有体现，特别是帕斯卡三角形中存在许多数与数之间的联系。为了享受思考的乐趣，我们将在这里展示其中一些。

　　帕斯卡三角形各行中的数字之和是 2 的幂（见图 4.5）。

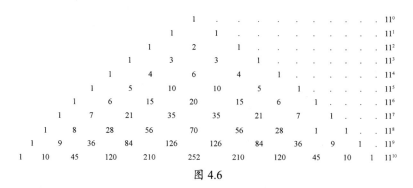

$$1 \qquad\qquad\qquad\qquad\qquad\qquad\qquad\qquad\qquad\; 2^0$$
$$1 \quad 1 \qquad\qquad\qquad\qquad\qquad\qquad\qquad\quad 2^1$$

图 4.5

　　在图 4.6 中，如果我们把帕斯卡三角形的每一行看成一个数，比如 1，11，121，1331，14641，⋯（注意从第六行开始，我们用进位的方式表示），你就会发现这些数都是 11 的幂，即 11^0，11^1，11^2，11^3，11^4，⋯。

图 4.6

　　图 4.7 中直线左侧的斜列对应于全体自然数，其右侧为三角数数列 1，3，6，10，15，21，28，36，45，⋯。

　　在帕斯卡三角形中，你可以注意到三角数是如何从自然数的和演变而来的。自然数从 1 开始的部分和可以通过简单地查看要求和的最后一个数右下方的数来得到，例如从 1 到 7 的自然数之和 28 在 7 的右下方。

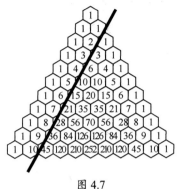

图 4.7

平方数可以由连续的三角数对得到：$1+3=4$，$3+6=9$，$6+10=16$，$10+15=25$，$15+21=36$，以此类推。

我们也可以由帕斯卡三角形中四个一组的数得到平方数。这个问题留给读者自己来研究，不过在这里给出一条线索：$1+2+3+3=9$，$3+3+6+4=16$，$6+4+10+5=25$，$10+5+15+6=36$，以此类推。

在图 4.8 中，当沿着所画的虚线把各个数加起来求和时，我们就找到了斐波那契数列 1，1，2，3，5，8，13，21，34，55，89，144，…。

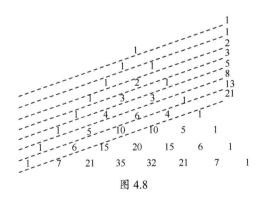

图 4.8

还有很多类型的数可以在帕斯卡三角形中找到，比如五边形数 1，5，12，22，35，51，70，92，117，145，…。在这个三角形数列中可以找到更多的宝藏！

随机游走

"随机游走"一词最早是由英国数学家卡尔·皮尔孙（Karl Pearson，1857—1936）提出的。随机游走是一个数学模型，用来描述气体中分子的运动、股票市场的波动以及其他一些或多或少具有随机性的过程。最简单的（一维）随机游走可以想象为一个游戏，玩家（游走者）从初始位置 0 开始，每次向前走一步（+1）或向后退一步（−1）。仅有这两种选择，游走者必须从中随机选择，例如通过掷硬币来决定。如果硬币落地后正面朝上，就向前走一步；如果硬币的反面朝上，就向后退一步。这两种结果发生的概率相同。在移动 n 次之后，游走者的位置将对应于某个整数，我们用 X(n) 来表示。在概率论中，我们称之为离散随机变量。它是离散的，因为只能取整数值；它也是随机的，因为它的值会因偶然性（硬币的正面或反面分别出现的次数）而变化。

图 4.9 展示了上述一维随机游走的三个例子。这里，水平坐标是步数，垂直坐标对应于 X(n)，也就是游走者相对于起点的位置。我们看这些例子时可能会问："在移动 n 次之后，游走者到出发点的平均距离是多少？"在概率论中，一个随机变量的平均值称为它的期望值，通常用 E 来表示。如果我们大量重复 n 步随机游走，就可以认为 X(n) 的期望值 E[X(n)] 是 X(n) 的平均值。对于图 4.9 所示的三个 25 步随机游走，我们可以计算出 X(25) 的算术平均值为 $\frac{7+1-5}{3}=1$。如果做 100 次或 1000 次同样的实验，我们会得到什么？因为在每一步中，游走者前进或后退的可能性相等，所以平均来说，位置不会有任何变动。换句话说，对任意数 n 都有 E[X(n)] = 0。然而，这并不意味着 X(n) = 0 是随机游走实验最可能的结果。在 n = 1 的情况下，整个随机游走只包含一次移动。这一步可以是向前走或向后退，因此唯一可能的结果是 X(1) = 1 和 X(1) = −1。如果我们大量重复实验，那么这两个结果就将以相同的频率出现，因此平均值（或期望值）将为零，即 E[X(1)] = 0。期望值代表多次重复实验的平均结果，它不一定是最可能的结果。

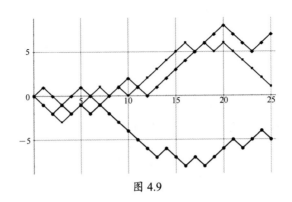

图 4.9

图 4.10 显示了 $n = 100$ 且每一步向前和向后移动的概率相等的 6 次随机游走。从绘制的路径中，我们可以发现到起点的距离随着步数的增加而增加，该距离由 $|X(n)|$ 给出。

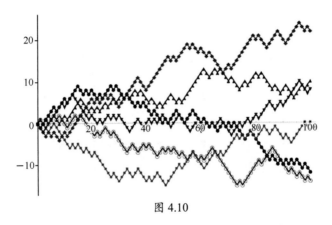

图 4.10

为了确定 $|X(n)|$ 是否真的随 n 增大而增大，我们必须计算它的期望值 $E[X(n)]$。我们发现了一个简单而重要的现象：从 $X(n)$ 开始，游走者接下来一定会到达 $X(n) + 1$ 或 $X(n) - 1$，因此 $X(n + 1)$ 和 $X(n)$ 之间只有以下两种情况。

$$X(n + 1) = X(n) + 1$$
$$X(n + 1) = X(n) - 1$$

如果把两个方程的两边都平方，我们就可以得到：

$$X^2(n + 1) = X^2(n) + 2X(n) + 1$$

$$X^2(n+1) = X^2(n) - 2X(n) + 1$$

这两种可能性是相同的，并且发生的次数会在足够多步里趋于相等。因此，平均来看，我们认为 $X^2(n+1)$ 是两个变量的算术平均值，也就是 $X^2(n)+1$。因此，$E[X^2(n+1)] = E[X^2(n)+1]$，与 $E[X^2(n)]+1$ 相等。这意味着 $X(n)$ 的平方的期望值在每一步中都增加 1。我们已经知道 $X(1) = \pm 1$，因此 $X^2(1) = 1$，这也意味着 $E[X^2(1)] = 1$。由于 $X^2(n)$ 的期望值在每一步中都增加 1，我们就得到 $E[X^2(2)] = 2$，$E[X^2(3)] = 3$，以此类推。因此，可以得到一个公式：$E[X^2(n)] = n$。当然，由于我们对距离本身感兴趣，所以要取平方根得到 $E[|X(n)|] = \sqrt{n}$，这是一个简单而又令人惊讶的结果。对于步长为 1 的 n 步随机游走，n 步后到起点的距离的期望值等于 n 的平方根；对于步长为 s 的情形，距离的期望值为 $\sqrt{n} \cdot s$。

图 4.10 中的曲线并没有误导我们，"平均随机游走者"确实会随着步数的增加而远离原点。更准确地说，经过 n 步之后，我们期望在距离原点 $\sqrt{n}$ 处找到游走者。这是一个重要的结果，因为它表明随机波动本身就足以大幅提高或降低股价。此外，粒子在气体或液体中的随机运动可以描述为三维随机游走。一个落入装满水的浴缸中的微小粒子会离开它的初始位置，并且移动的距离与所用时间的平方根成正比。换句话说，分子的随机热运动（称为布朗运动）最终将导致溶解后的粒子在溶液中均匀分布。如果等得足够久的话，你就没有必要搅拌你的咖啡。

第5章 ▶▶▶
以数通识

　　本章的主要目的是寓教于乐，所介绍的内容一般不出现在学校课程中，但有非常大的用处。你将看到一些并不困难而非常有效的方法，这些方法可以拓展你的数学思维。为了加深理解，我们将介绍一些人们已经习以为常的数学符号的历史背景。除了符号之外，我们还将介绍一些熟悉的概念，比如无穷。因为没有恰当地引入这个概念，学生在高中阶段常常觉得它过于理论化，难以理解。我们还将介绍一些实际的数学应用问题，这些显然是与每个人都相关的。本章当然不能包罗万象，但我们希望这部分内容能拓宽你的视野，为你今后的数学学习做些铺垫。

一些数学符号的起源

　　我们的学校教育引入了各种数学符号，遗憾的是没人告诉我们它们从何而来。关于我们在学习初等数学的过程中一直使用的平方根符号($\sqrt{\ }$)，老师通常不会介绍人们是如何想到这个奇怪的符号的。德国数学家克里斯托夫·鲁道夫（Christoff Rudolff，1499—1545）在他的著作《未知数》（*Coss*）中首次使用这个符号，这本书于 1525 年在斯特拉斯堡出版。根据手稿推测，他受字母 *r* 的启发发明了这个符号，而这个字母应该是来源于单词 "*radix*"，意思是 "根"。

加号(+)和减号(−)首次出现在德国数学家约翰内斯·威德曼（Johannes Widmann，1460—1498）的一本书（*Behende und hüpsche Rechenung auff allen Kauffmanschafft*）中，该书于 1489 年在莱比锡出版。在这本书中，它们不是用来做加法和减法，而是用来处理商业问题中的盈余和赤字。关于谁是第一个使用"＋"和"−"这两个符号表示加法和减法的人，存在一些争议。有人说吉尔·范德霍克（Giel Van Der Hoecke）在他于 1514 年在安特卫普出版的一本书（*Een sonderlinghe boeck in dye edel conste Arithmetica*）中首先使用这两个符号，也有人说德国数学家亨利库斯·格拉马特乌斯［Henricus Grammateus，也被称为海因里希·施雷伯（Heinrich Schreyber），1495—1526］在 1518 年出版的一本书（*Ayn new Kunstlich Buech*）中首先使用这两个符号。威尔士数学家罗伯特·雷科德（Robert Recorde，1512—1558）于 1557 年首先在英语中使用这些符号，他在书中写道："还有另外两个经常使用的符号，第一个是'＋'，表示增多，而另一个是'−'，表示减少。"

英国数学家威廉·奥特雷德（William Oughtred，1574—1660）被认为是第一个用"×"表示乘法的人，他在 1628 年左右写成并于 1631 年在伦敦出版的《数学之钥》（*Clavis Mathematicae*）一书中采用了这个符号。德国数学家戈特弗里德·威廉·莱布尼茨（Gottfried Wilhelm Leibniz，1646—1716）喜欢用点（·）表示乘法。1698 年 7 月 29 日，他在给瑞士数学家约翰·伯努利（Johann Bernoulli，1667—1748）的一封信中写道："我不喜欢将'×'作为乘法符号，因为它很容易与'*x*'混淆……通常，我只是插入一个点来把两个量联系起来，比如用 *ZC · LM* 表示二者相乘。在表示比值时，我用的不是一个点而是两个点。"[1]

尽管莱布尼茨建议用两个点表示除法，但美国的图书用"÷"表示除法。瑞士数学家约翰·拉恩（Johann Rahn，1622—1676）在 1659 年出版的著作（*Teutsche Algebra*）中首次使用了这一符号。

威尔士数学家罗伯特·雷科德在 1557 年引入了"＝"这个符号来表示等于，如图 5.1 所示。英国数学家托马斯·哈里奥特（Thomas Harriot，1560—1621）在 1631 年出版的一本书中首次使用了"＞"和"＜"。

现在你了解了一些基本数学符号的起源，接下来让我们开始做一些思维训练。

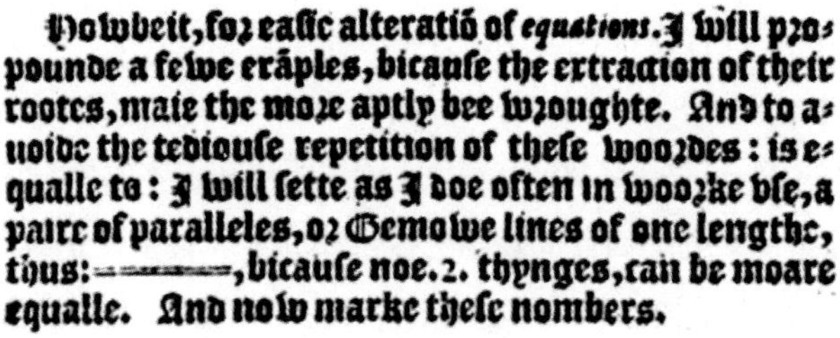

Howbeit, for eafie alteratió of *equations.* I will pro-
pounde a fewe eráples, bicaufe the ertraction of their
rootes, maie the moxe aptly bee wroughte. And to a-
uoide the tedioufe repetition of thefe woordes : is e-
qualle to : I will fette as I doe often in woorke bfe, a
paire of paralleles, or Gemowe lines of one lengthe,
thus:————, bicaufe noe. 2. thynges, cain be moare
equalle.　And now marke thefe nombers.

图 5.1

挑战直觉

在数学教学过程中，有时老师讲授的内容与我们的直观感觉非常不符。对于这些不寻常的、背离了我们的逻辑认知的情况，我们往往没有给予足够的关注。通过注意这些违反直觉的情况，我们可以更好地观察日常生活，更客观地处理各种不寻常的问题。这个过程有助于问题的解决。

让我们考虑这样一种情况。如图 5.2 所示，这个图形的每一行和每一列均有 11 根牙签。

现在要求我们从每一行和每一列中取出一根牙签，而每一行和每一列仍保留 11 根牙签。这似乎是不可能的，因为我们实际上去掉了一些牙签，但又必须保证每一行和每一列像此前一样保持相同数量的牙签。第一次尝试，我们取出四根牙签，如图 5.3 所示。

我们看到这一尝试失败了。面对这种情况，我们会问自己，这怎么可能做到？到目前为止，我们已经遇到了一些明显违反直觉的事情。如果一定要在图 5.3 中完成这项任务，那么我们就不得不将一些牙签计算两次。在图 5.4 中，我们看到从每一行和每一列的中间分别取一根牙签，然后把这些牙签放在四个小正方形的对角线上，这样它们就可以不只一次被数到。

由此，我们就保证了每一行和每一列各有 11 根牙签。这种违反直觉的问题可以在本书中的其他章节看到，例如"假阳性悖论""生日现象"等。这是值得每个人关注的话题，我们应该用一种批判性的方式来分析问题，从而清醒而理性地生活。

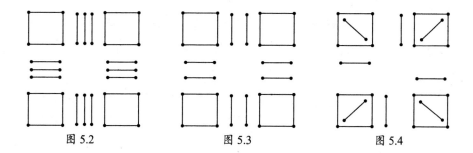

图 5.2　　　　　　　　　图 5.3　　　　　　　　　图 5.4

惊人的解

数学教学的一个重要方面，特别是在中学阶段，是解决问题。遗憾的是解决数学问题的过程往往以应用老师所讲授的内容为目的，而不太考虑解决问题时采用的策略。对于一些问题，除了引导读者思考之外，我们还可以找到特别简单的解决方法。下面给出一个例子，只要遵循条件中的"路径"，它就很容易被解决。这个问题可以很好地帮助我们理解刚刚提出的观点，让我们看到如何从不同的角度看待问题，而在学校教学中，这常常被忽略。你可能想尝试自己解决这个问题（那么就先不要读问题后面的内容），看看自己的解法是否属于"多数"。稍后提供的解决方案可能会让大多数读者感到惊艳，并因此受到一些对未来学习的启发。

问题：在某篮球单循环锦标赛（一支球队只要有一场失利就会被淘汰）中有 25 支球队参加，那么要决出锦标赛冠军需要进行多少场比赛？

在通常情况下，多数人会模拟锦标赛的举办过程。在第一轮比赛中，所有球队分成两个组，每组 12 支球队，其中一支球队轮空，然后组间相互比赛（有 12 场比赛）。第一轮比赛结束后，有 12 支球队被淘汰，另外 12 支球队和此前轮空的球队留下来继续比赛。在第二轮比赛中，这 13 支球队中的 6 支将与另外 6 支交手，留下 6 支获胜的球队和一支轮空的球队（有 6 场比赛）。在第三轮比赛中，有 7 支球队，其中 6 支相互厮杀，产生三支获胜的球队，另外一支球队轮空（有 3 场比赛）。在第四轮比赛中，剩下的四支队伍互相较量（有 2 场比赛）。最后，剩下的两支球队互相较量决出冠军（有 1 场比赛）。现在我们计算比赛的次数，12 + 6 + 3 + 2 +

1 = 24，这就是要决出冠军所需的比赛场数。这是一种完全合逻辑的解决问题的方法，但显然不是最优雅或最有效的方法。接下来让我们考虑这个问题的另一种解决方法。

大多数人并不是第一次尝试就想到了解决这个问题的简便方法，我们将只关注失败的球队，而不是像我们上面所做的那样关注获胜的球队。问一个关键问题：在有 25 支球队参加的锦标赛中，要有多少失败者才能产生最终的冠军？答案很简单：24。产生 24 个失败者需要打多少场比赛？当然，24 场比赛。所以，你得到了正确答案，非常简单。

现在很多人会问："我为什么没想到这一点呢？"这与我们所受到的教育和获得的经验有关。从不同的角度看待问题，有时可能会获得很好的收益，就像上面的例子那样。

上面的解决办法有一个有趣的替代方案。假设有 25 支球队参加比赛，其中一支球队的实力明显优于其他球队。我们可以让其他 24 支球队中的每一支都和这支优势球队进行比赛。当然，其他队会输掉比赛。你可以看到，只需要 24 场比赛就能产生冠军——这支优势球队。

令人"不饮而醉"的巧妙解法

一般来说，在中学阶段，数学问题的解决过程是先将问题归类，然后学生被教导按照某种较机械的方式来处理此类问题。遗憾的是，这对学生在现实生活中解决问题没有多大帮助。接下来的这个例子看起来很简单，但仍可能会让一些人感到困惑。不过，我们想要强调的是解决方案的巧妙。下面先给出问题。

我们有两个 1 加仑[1 加仑（美）= 3.785412 升]的瓶子，其中一个装有 1 夸脱[1 夸脱（美）= 0.946 升] 红葡萄酒，另一个装有 1 夸脱白葡萄酒。我们取一汤匙红葡萄酒并将其倒进白葡萄酒里，然后取一汤匙这种新的混合酒并将其倒入红葡萄酒瓶中。请问现在是白葡萄酒瓶里的红葡萄酒多还是红葡萄酒瓶里的白葡萄酒多呢？

最简单的解决方法是使用极值，这是一种非常有效的解决问题的策略。在日常生活中做选择时，我们常进行这种推理，比如"某件事会在最坏的情况下发生，所以我们可以知道……"现在让我们用这种策略解决上述问题。要做到这一点，我们考虑汤匙的容量要大一点。显然，这个问题的结果与转移的葡萄酒的量无关。因此，我们设想有一个非常大的汤匙，它的容量为 1 夸脱。也就是说，按照问题陈述中给出的说明，我们取出全部红葡萄酒，然后将其倒入白葡萄酒瓶中。这种混合物现在包含 50% 的白葡萄酒和 50% 的红葡萄酒。我们把 1 夸脱这种混合物倒回红葡萄酒瓶中，现在两个瓶子里的混合物一样多。因此，红葡萄酒瓶中的白葡萄酒和白葡萄酒瓶中的红葡萄酒一样多！

我们可以考虑另一种极端情况，即汤匙的容量为零。我们立即可以得出结论：白葡萄酒瓶里的红葡萄酒和红葡萄酒瓶里的白葡萄酒一样多，都是零！

这种解决方法在你将来处理数学问题甚至日常决策时都是非常重要的。

组织思维

我们经常会遇到一眼看上去似乎有点难以解决的问题。这样的问题并不经常出现在传统的学校数学课程中，然而这类问题的解决有助于我们处理日常生活中可能遇到的问题。现在让我们看一些例子。

当被问及图 5.5 中出现了多少个不同的三角形时，我们往往会开始数数，但很快就会发现自己为是否已经数了某个三角形而感到困惑。

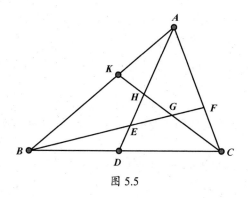

图 5.5

若是一步一步地重新画图，每次只添加一条线段，并对因新添加的线而产生的新三角形进行计数，显然是有帮助的。我们将从 $\triangle ABC$ 中的一条线段 AD 开始，如图 5.6 所示。

在图 5.6 中，我们发现只有三个三角形，即 $\triangle ABC$，$\triangle ABD$，$\triangle ACD$。我们现在添加另一条线段 BF，并在图 5.7 中计算三角形的数量。

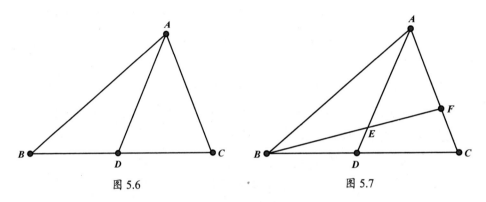

图 5.6   图 5.7

对于线段 BF，我们发现以下三角形使用该线段或它的一部分作为边：$\triangle BED$，$\triangle ABE$，$\triangle ABF$，$\triangle AEF$，$\triangle BFC$。现在，我们添加第三条线段来得到最初的图形（见图 5.5），并列出以线段 CK 或它的一部分为边的三角形。这些三角形有：$\triangle BGC$，$\triangle BKC$，$\triangle HEG$，$\triangle DHC$，$\triangle BKG$，$\triangle AKH$，$\triangle AHC$，$\triangle GFC$，$\triangle AKC$。

我们现在知道图 5.5 中总共有 17 个三角形，通过逐步重建图形，计算变得更简单，每次只需计算与新添加的线段一起出现的新三角形。一般来说，当问题乍一看难以解决时，这是一种有用的策略。

这类问题以分步的方式最容易解决，下面有另一个例子。

如果平均来说，一只半母鸡一天半能下一个半蛋，那么 6 只母鸡 8 天要下多少个蛋？

我们可以将与时间有关的两个变量加倍。我们从最初的问题开始，$\frac{3}{2}$ 只母鸡在 $\frac{3}{2}$ 天里下 $\frac{3}{2}$ 个蛋。将母鸡数量加倍（保持天数不变）后，可得 3 只母鸡在 $\frac{3}{2}$ 天里下 3 个蛋。再将天数加倍（保持母鸡数量不变），可得 3 只母鸡在 3 天里下 6 个蛋。取三分之一的天数（保持母鸡数量不变），可得 3 只母鸡在 1 天里下 2 个蛋。将母鸡数量加倍（保持天数不变），可得 6 只母鸡在 1 天里下 4 个蛋。因此，将天数乘以 8（保持母鸡数量不变），我们就得到了结果：6 只母鸡在 8 天里下 32 个蛋。

注意，我们没有在这个过程的同一步中处理两个以上的变量，这简化了问题中混乱的部分。

这两个问题所要求的逻辑思维在学校课程中往往被忽视，但其真正的价值体现在日常问题的处理之中。

叠加百分比问题

长期以来，很多人对百分比问题望而却步，而学校教育常常把与百分比相关的内容讲得比较枯燥乏味。需要处理多个百分比的问题往往令人们感到不快。我们希望这一节能为这个过去的难题找到令人愉悦的简单算法，为处理叠加百分比问题提供新的视角。这种不太为人所知的方法很可能让你着迷。让我们首先考虑以下问题。

查尔斯想买件外套，但进退两难。相邻的两家互相竞争的商店出售同一品牌的外套，标价相同，但折扣不同。A 店全年所有商品都有 10% 的折扣，而且现在在已经打折的基础上再打 20% 的折扣。为了保持竞争力，B 店今天提供 30% 的折扣。那么，这两种折扣价格中哪一种更划算呢？

乍一看，你可能认为价格没有差别，因为 10 + 20 = 30，这会让你认为这两家店的折扣是一样的。再多想一想，你可能就会意识到这是不正确的，因为 A 店只有 10% 是按原来的标价计算的，另外 20% 则是按较低的价格计算的。相比之下，在 B 店中，整个 30% 都是按原价计算的。现在要回答的问题是，A 店和 B 店的折扣有什么差别？

我们可以设想，如果外套的原价是 100 美元，考虑 10% 的折扣时，可知售价为 90 美元。在 90 美元的基础上再打 20% 的折扣（或减 18 美元），价格就会降到 72 美元。在 B 店中，100 美元的 30% 折扣将使价格降到 70 美元。这种方法虽然正确，也不太困难，但有点麻烦，而且不总是能够让我们了解问题的全貌。

接下来，我们给出一种有趣且非比寻常的方法。按照这种方法，我们将得出与叠加的两个百分比相当的单个百分比。

（1）将每个百分比更改为十进制形式，即 0.20 和 0.10。

（2）从 1.00 中减去这些小数，分别得到 0.80 和 0.90（如果是增长，则加到 1.00 上）。

（3）将这些差值相乘，即 0.80 × 0.90 = 0.72。

（4）从 1.00 中减去该数字，可得 1.00 − 0.72 = 0.28，这表示综合减少的百分比（折扣）。

如果第三步中的结果大于 1.00，则从中减去 1.00，以得到增长的百分比。

当把 0.28 转换成百分比时，我们得到 28%，它相当于 20% 和 10% 的叠加折扣。这一综合百分比为 28%，与 30% 相差 2%。

按照相同的步骤，你还可以得到两个以上减少的百分比的叠加。此外，对于增加的百分比的叠加，可以将等同的十进制增值与 1.00 相加，然后进行类似的处理。

以上面的方式进行计算时，如果得到的结果大于 1.00，则说明最终结果是增加的。

这一过程不仅简化了烦琐的问题，而且使我们能够了解整体情况。现在考虑这样一个问题："在上述问题中，买方在得到 20% 的折扣之后再打 10% 的折扣，与得到 10% 的折扣后再打 20% 的折扣相比，哪一个更有利？"这个问题的答案不是很直观。刚才介绍的方法表明，涉及的计算只有数的乘法，而数的乘法是一种交换运算，所以我们知道这两种选择没有区别。这是一种很好的计算叠加百分比的算法，它不但用起来很顺手，而且在处理问题的同时能带给我们一些新发现。

72 法则

学校课程的某个阶段会让学生用公式 $A = P\left(1 + \dfrac{r}{100}\right)^{n}$ 计算复利，其中 A 是总

金额，P 是本金，n 是结算期数，$\dfrac{r}{100}$ 为利率。有一种与之相关而又常被老师忽视的小方法很有意思，它有用，但验证起来有些麻烦。它被称为"72 法则"，简单至极，不禁让人产生兴趣。

72 法则指出，粗略地说，资金以年复合利率 $\dfrac{r}{100}$ 投资 $\dfrac{72}{r}$ 年将翻番。举个例子，如果我们以 8%的年复合利率投资 9 年，那么资金将翻倍。同样，如果我们把钱按 6%的年复合利率存入银行，这一笔钱要翻一番将需要 12 年。这种方法的优点在于简单。对于感兴趣的读者，我们做一点解释，说明为什么这种方法是有效的。

首先，我们再次考虑复利计算公式：$A = P\left(1+\dfrac{r}{100}\right)^n$，需要研究当 $A = 2P$ 时会发生什么。此时，上面的公式变为：

$$2P = P\left(1+\frac{r}{100}\right)^n, \ \text{或} \ 2 = \left(1+\frac{r}{100}\right)^n \tag{I}$$

然后有（以下对数计算结果与底数无关）：

$$n = \frac{\log 2}{\log\left(1+\dfrac{r}{100}\right)} \tag{II}$$

借助计算器，我们用上面的公式制作一个数表，见表 5.1。

表 5.1

r	n	nr
1	69.66071689	69.66071689
3	23.44977225	70.34931675
5	14.20669908	71.03349541
7	10.24476835	71.71337846
9	8.043231727	72.38908554
11	6.641884618	73.0607308
13	5.671417169	73.72842319
15	4.959484455	74.39226682

如果我们取 nr 的算术平均值，就会得到该值为 72.04092314，非常接近 72，因此 72 法则看起来是一个非常近似的估计。

有兴趣的读者可能会尝试确定一个与上面的情形类似的普遍规则。对于资金为本金的 k 倍的情况，有：

$$n = \frac{\log k}{\log\left(1 + \dfrac{r}{100}\right)}$$

当 $r = 8$ 时，$n = 29.91884022\log k$。因此，$nr = 239.3507218 \log k$。当 $k = 3$ 时，我们得到 $nr = 114.1993167$，称之为"114 规则"。

一个数学猜想

学校里教的数学理论都有某种逻辑论证或证明。数学中也有一些命题看似成立，但从未得到适当的证实或证明，它们被称为数学猜想。在某些情况下，计算机已经能够验证大量的例子来支持一个命题的正确性，但这并不能证明它在所有情况下都成立。为了说明一个命题为真，我们必须有一个合乎逻辑的证明，验证该命题在所有情况下都成立！

德国数学家克里斯蒂安·哥德巴赫（Christian Goldbach, 1690—1764）在 1742 年 6 月 7 日的一封信中向著名的瑞士数学家莱昂哈德·欧拉提出了一个将困扰数学家几个世纪的著名数学猜想，该猜想至今仍未得到证明。他在信中提出的命题也被称为"哥德巴赫猜想"，即每一个大于 2 的偶数都可以表示为两个素数之和。

表 5.2 中列出的偶数和相应的素数之和使我们很容易确信这张表可以一直列下去。

表 5.2

大于 2 的偶数	两个素数之和
4	2 + 2
6	3 + 3
8	3 + 5

续表

大于 2 的偶数	两个素数之和
10	3 + 7
12	5 + 7
14	7 + 7
16	5 + 11
18	7 + 11
20	7 + 13
……	……
48	19 + 29
……	……
100	3 + 97

许多著名的数学家曾试图证明或推翻这一猜想。1855 年，A.德斯博夫斯（A. Desboves）证实了哥德巴赫猜想对 10000 以内的所有偶数都成立。1894 年，著名的德国数学家乔治·康托尔（Georg Cantor，1845—1918）证明了这个猜想对 1000 以内的所有偶数都是正确的（有点倒退）。1940 年，N.皮平（N.Pipping）证明了该猜想对 100000 以内的所有偶数都是正确的。到了 1964 年，在计算机的帮助下，这一数字扩大到 33000000。到 1965 年，这一数字扩大到 100000000。1980 年，这个猜想被证明在 200000000 以内是正确的。1998 年，德国数学家耶尔格·里奇斯坦（Jörg Richstein）证明哥德巴赫猜想对 400 万亿以内的偶数都是正确的。截至 2013 年 5 月 26 日，托马斯·奥利维拉·e·席尔瓦（Tomás Oliveira e Silva）证明了在 4×10^{17} 以内，该猜想都是正确的。为了促进这一猜想的证明，现在设有 100 万美元的奖金。但到目前为止，还没有人赢得大奖，因为还没有办法证明该猜想对于所有偶数均成立。

哥德巴赫还有第二个猜想，这一猜想在 2013 年由秘鲁数学家哈拉尔德·赫尔夫戈特（Harald Helfgott）证明。他在一篇文章中写道："每一个大于 5 的奇数都可以表示为三个素数之和。"类似地，我们在表 5.3 中列出几组数据，你可以继续列下去。

表 5.3

大于 5 的奇数	三个素数之和
7	2 + 2 + 3
9	3 + 3 + 3
11	3 + 3 + 5
13	3 + 5 + 5
15	5 + 5 + 5
17	5 + 5 + 7
19	5 + 7 + 7
21	7 + 7 + 7
……	……
51	3 + 17 + 31
……	……
77	5 + 5 + 67
……	……
101	5 + 7 + 89

当然，如果第一个猜想成立，那么这个猜想就一定成立，因为从奇数中减去素数 3 会得到一个偶数，如果这个偶数可以表示为两个素数之和，那么原来的奇数就可以表示为三个素数之和。

几个世纪以来，这两个猜想吸引了许多数学家，如今虽然只有后一个被证明是正确的，但我们也有理由相信第一个猜想也是正确的，因为即使借助计算机也没有找到第一个猜想的反例。更有意思的是，数学家在努力证明的过程中获得了一系列重大数学发现，而如果没有这种求证的原动力，这些发现就可能还要等上很久。这样的猜想不但能激起我们对数学的兴趣，而且能娱乐我们的身心。

意外的定式

在学校课程里，由一个定式给出的数列或级数很常见。例如，1，2，4，8，16，

32 是一个数列的前五个数，大多数人会猜测接下来的数是 32。这显得很自然，然而当被告知下一个数是 31（而不是预期的 32）时，你也许会惊呼："这弄错了！"因此，我们的直觉并不能作为判断的唯一标准。在数学中，看起来违反直觉的问题有可能被证明是正确的。

现在我们来介绍上面这个数列的规律性，如果能用几何方式来表述，那就再好不过了，因为这样给出的证明更直观，也更令人信服。在此之前，让我们首先在这个奇怪的数列中找一找后续的数。

我们创建一张表，显示该数列的前五个数中相邻两个数的差，然后对相邻的两个差值再取差值，重复这个过程，直到出现一个定式。我们发现在取第三级差值时，有一个定式出现了，见表 5.4。

表 5.4

原始数列	1		2		4		8		16		31
第一级差值		1		2		4		8		15	
第二级差值			1		2		4		7		
第三级差值				1		2		3			
第四级差值					1		1				

当第四级差值成为一列常数时，我们可以通过颠倒表 5.4 来反转这个过程，并将第三级差值再扩展几项，见表 5.5。

表 5.5

第四级差值					1		1		**1**		**1**			
第三级差值				1		2		3		**4**		**5**		
第二级差值			1		2		4		7		**11**		**16**	
第一级差值		1		2		4		8		15		**26**		**42**
原始数列	1		2		4		8		16		31		**57**		**99**

表 5.5 中用粗体表示的数是通过从第三级差值向后延续而得到的，我们可以看到这个数列接下来的两个数是 57 和 99。这个数列的通项公式是一个四次多项式，因为我们必须到第四级差值才能得到一个常数。该通项公式（第 n 项）为 $\dfrac{n^4 - 6n^3 + 23n^2 - 18n + 24}{24}$。

你可能认为这个数列是人为安排的，而不具有很强的数学意义。要消除这个错误观念，请考虑图 5.8 所示的帕斯卡三角形。[2]

计算图 5.8 中实线右侧每一行中各个数字的和，可以得到 1, 2, 4, 8, 16, 31, 57, 99, 163, …，这就是我们刚刚讨论过的数列。

接下来的几何解释能够进一步帮助你看到数学内在的美和一致性。为此，我们做一张表，列出连接一个圆上的各点所划分的区域数目，见表 5.6。你可以通过实际划分一个圆来验证表 5.6 中的数字，但要确保没有三条线相交于同一点，否则会少算一个区域。

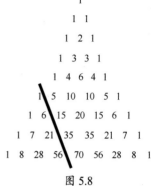

图 5.8

表 5.6

圆上的点数	划分的区域数目
1	1
2	2
3	4
4	8
5	16
6	31
7	57
8	99

现在你可以看出，这个看起来"刻意"的数列实际上在数学的不同方面都有很好的体现，而这部分内容在学校数学教学中极有可能被遗漏了。

无穷的谜题

我们都学过加法的交换律，比如 $1 + 2 = 2 + 1$。当我们看到一个无穷级数时，例如 $1 - 1 + 1 - 1 + 1 - 1 + 1 - 1 + \cdots$，可以通过将其中的项两两配对来求和，于是有

$(1-1)+(1-1)+(1-1)+(1-1)+\cdots=0+0+0+0+0+\cdots=0$。我们也可以按如下方式配对：$1+(-1+1)+(-1+1)+(-1+1)+(-1+1)+\cdots=1+0+0+0+0+\cdots=1$。

这里我们由同一个级数得到了两个不同的和，这取决于我们如何对级数中的相邻项进行配对。回想一下，我们只用了加法的结合律，而这在数学中是正确的。这个难题吸引了意大利数学家路易吉·圭多·格兰迪（Luigi Guido Grandi，1671—1742），他表示可以在 1 和 0 这两个值之间折中一下，以它们的平均值作为该级数的和，方法如下。

设 $S=1-1+1-1+1-1+1-1+\cdots$。因为该级数有无穷多项，我们可以把它写成 $S=1-(1-1+1-1+1-1+1-1+\cdots)$，注意到括号内的值也等于 S。于是，我们得到 $S=1-S$，进而有 $2S=1$，即 $S=\dfrac{1}{2}$。

现在让我们用另一种方法研究这个无穷级数，通过考虑部分和，得到下面的式子。

$$S_1=1$$
$$S_2=1-1=0$$
$$S_3=1-1+1=1$$
$$S_4=1-1+1-1=0$$
$$S_5=1-1+1-1+1=1$$

由于部分和在 1 和 0 之间波动，所以此级数不会收敛到某个特定值，即使在无穷远处也是如此。这给我们留下了一个不明确的无穷级数。

让我们考虑下面的级数，它是一个交变谐波级数。

$$H=1-\frac{1}{2}+\frac{1}{3}-\frac{1}{4}+\frac{1}{5}-\frac{1}{6}+\frac{1}{7}-\frac{1}{8}+\cdots$$

如果我们现在像以前一样取部分和，就会发现一个有趣的现象。

$$S_1=1$$
$$S_2=1-\frac{1}{2}=0.5000$$
$$S_3=1-\frac{1}{2}+\frac{1}{3}=0.8333\cdots$$

$$S_4 = 1 - \frac{1}{2} + \frac{1}{3} - \frac{1}{4} = 0.5833\cdots$$

$$S_5 = 1 - \frac{1}{2} + \frac{1}{3} - \frac{1}{4} + \frac{1}{5} = 0.7833\cdots$$

随着序列中项数的增加，总和越来越接近 0.693147…，这是 2 的自然对数（写成 ln2）。我们再一次发现，通过把交变谐波级数中的项按不同的顺序加起来，可以得到各种各样的结果。例如，设想我们将该级数的项分组如下：

$$H = (1 - \frac{1}{2} - \frac{1}{4}) + (\frac{1}{3} - \frac{1}{6} - \frac{1}{8}) + (\frac{1}{5} - \frac{1}{10} - \frac{1}{12}) + \cdots$$

简化每个括号中的项，我们得到：

$$H = (\frac{1}{2} - \frac{1}{4}) + (\frac{1}{6} - \frac{1}{8}) + (\frac{1}{10} - \frac{1}{12}) + \cdots$$

然后，我们从每个括号中提取出 $\frac{1}{2}$，得到下式：

$$H = \frac{1}{2}(1 - \frac{1}{2} + \frac{1}{3} - \frac{1}{4} + \frac{1}{5} - \frac{1}{6} + \frac{1}{7} - \frac{1}{8} + \cdots)$$

我们注意到在圆括号内交替谐波级数再次出现了。于是，可得 $H = \frac{1}{2}H$。以上只是我们在处理无穷时必须面对的一些困惑。我们不应对这个概念掉以轻心，它使我们对数学有了更深入的了解。

无穷的概念

无穷的概念经常是老师尽力回避的，因为它不容易理解，特别是对于心智还没有完全成熟的年轻人来说。我们很难理解所有自然数作为一个无穷集，其大小为何与偶数集合相同，毕竟奇数和零被去掉了。对于任意自然数 n，都有一个正偶数 $2n$ 与之对应。因此，这两个无穷集可以说包含相同数量的元素。我们可以在这两个集合的元素之间建立一一对应关系。设想一下，这样的观点能被大多数中学生接受吗？当一个集合明显包含另一个集合时，认为这两个集合的大小相等违反直觉。人们常说，如果让一只猴子坐在键盘前，在无限长的时间内随意敲击各个按键，它就早晚会写出莎士比亚的所有作品，甚至更多。这使得无穷这个概念对我们来说更加复杂。

著名的大酒店悖论最初由德国数学家戴维·希尔伯特（David Hilbert，1862—1943）提出。理论上，这家酒店里的无穷多个房间沿着走廊排列，依次是 1 号房间、2 号房间、3 号房间等，没有尽头。假设一天晚上所有的房间都被占用了，而一个新来的客人需要一个房间。接待员实际上能为这位新客人找到住处。要做到这一点，他应让 1 号房间的客人搬到 2 号房间，2 号房间的客人搬到 3 号房间，3 号房间的客人搬到 4 号房间，以此类推，所有客人都向后挪一个房间。这个悖论可以进一步扩展到如下情形：一辆满载客人的汽车到达这个拥有无穷多个房间的酒店，而所有房间都被占用了。由于无穷的特殊性，这些客人也可以按类似的方式入住。这还可以推广到更高的层次，设想有无穷多辆汽车到达酒店，每一辆都载着无穷多位客人。这种情况甚至也可以处理，还是因为无穷这个概念的特殊性。

有许多悖论可以围绕无穷这个概念来构建。芝诺（Zeno，前 490—前 425）有一个著名的悖论，简单来说就是一个人朝门口走去，每次走剩下距离的一半，那么他就永远不能到达门口，因为他要走的后一半路有无穷多个中点。无穷符号（∞）是由英国数学家约翰·沃利斯（John Wallis，1616—1703）于 1655 年首次提出的，至今仍被普遍使用。

当问到如何创建一个大于自然数集的集合时，考虑这个无穷集的所有子集的集合会是一个可行的选择，这将是一个更大的集合。关于无穷的概念，有无数的例子可以向学生展示，然而问题是一个尚未完全成熟的头脑能在多大程度上真正理解这个概念的复杂性？让我们来探讨一个例子，无穷的概念有时会导致违反直觉的情况。例如，比较自然数集（1, 2, 3, 4, 5,…）与偶数集（2, 4, 6, 8, 10,…）的大小。直观地说，自然数集比偶数集大得多。然而，由于这两个集合是无穷集，我们可以证明，对于每一个自然数，偶数集中都有一个对应的数，这意味着这两个集合具有同样多的元素。从直觉上看，这是令人不安的，因为偶数集不包含自然数集中的奇数。也许比认识到自然数集和偶数集一样大更困难的是，认为 0 到 1 之间的实数集比自然数集大。介于 0 和 1 之间的实数是作为一个不可数集存在的，也就是说它们不能与自然数一一对应。因此，实数集是一个更大的无穷集。（我们稍后讨论不可数集。）

关于无穷的概念，我们在这里仅仅触及了其表面。这一概念通常没有在高中阶段以任何实质性的方式提出来，原因很明显。我们将在后面的章节中继续研究这个奇特的概念。

数不胜数

孩子们在学会了如何数到 1000 及此后更大的数时，通常会开始思考是否存在一个"最大数"。他们很快就会认识到没有最大数。对于任一给定的正整数，我们总是可以通过加 1 来得到一个更大的数。因此，最大数的概念是没有意义的。显然，正整数有无穷多个，所以自然数集一定是无穷大。除此之外，还有其他无穷大的数集，那么接下来让我们对两个无穷集做个比较。

考虑所有自然数的集合 □ = {1, 2, 3, ⋯} 以及所有整数的集合 □ = {⋯, −3, −2, −1, 0, 1, 2, 3, ⋯}。或许你会认为，□ 是一个比 □ 大得多的集合，更具体地说，它基本上是 □ 的两倍。这似乎是一个非常肯定、合情合理的猜测。既然我们知道 □ 是无穷的，若 □ 比 □ 大，就说明 □ 在某种程度上应该更趋于"无穷"。这意味着什么呢？此外，在任意两个整数之间，我们可以找到许许多多分数。因此，所有分数（或有理数）的集合 □ 应该比 □ 大得多，但到底大多少呢？那么所有实数的集合 □ 呢？有没有办法"测量"无穷大？

令人惊讶的是，在数学史上，对于这些问题的严格讨论相当晚。从远古时代起，整数、分数甚至无理数的概念早就出现了，而关于无穷的哲学讨论可以追溯到亚里士多德（Aristotle，前 384—前 322）。然而，过了很长时间才出现可以用来比较无穷集的数学符号。德国数学家格奥尔格·康托尔发现了一种非常简单而又巧妙的方法来比较不同集合的大小，即使它们是无穷集。实际上，他还建立了集合的数学概念，发展了现代数学的基础理论之一 ——集合论。

为了解释康托尔比较集合的绝妙想法，我们设 *A* 和 *B* 是两个集合，且二者都只包含有限个元素（见图 5.9）。

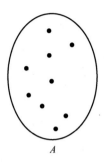

图 5.9

那么以下三个命题中必有一个（并且只有一个）为真。

（1）集合 A 的元素比集合 B 多。

（2）集合 A 的元素比集合 B 少。

（3）集合 A 和 B 包含相同数量的元素。

有没有办法在不计算集合 A 和 B 的元素的情况下找出这些命题中的哪一个为真？有！我们只需要将集合 A 的每个元素与集合 B 中的相应元素配对即可。例如，通过连线将一个集合中的元素与另一个集合中的元素对应起来（见图 5.10）。

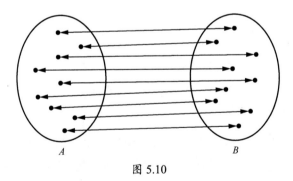

图 5.10

如果我们对集合 A 和 B 中的所有元素都能做到这一点，并且没有遗漏两个集合中的任何元素，那么对于集合 A 中的每个元素，集合 B 中有且只有一个"伙伴"元素，因此这两个集合包含相同数量的元素。在数学中，我们称这两个集合的元素之间存在一一对应关系。这种比较集合大小的方法非常古老，因为它实际上只不过是"扳指头计数"的推广，但康托尔最先认识到此方法也可以用于度量无穷集的大小。

康托尔的这种一一对应的观点使我们能够比较两个无穷集的大小，因为我们不必分别计算每个集合中元素的个数，然后再加以比较。我们只需要确定能否在这两个集合的元素之间建立一一对应关系。你也许觉得有理数（或分数）比自然数多得多。但令人惊讶的是，这种观点是错误的。康托尔证明了有理数可以与自然数建立起一一对应关系。另一种说法是，我们可以给所有有理数编上序号。这里我们不做详细的证明，但康托尔证明中的基本思想并不难把握。先考虑正分数的情形，我们可以通过在一张表中将分数 $\frac{p}{q}$ 放置在 p 行和 q 列交叉的位置来进行排序（见图 5.11）。例如，分数 $\frac{73}{111}$ 位于此表中第 73 行和第 111 列交叉的位置。现在我们要把所有的正分数排成一列。当然，这个队列永远不会终止，因为此表为无穷大，但这并不重要。我们只需要确保此表包含任意一个分数即可。为了实现这一点，康托尔提出了一个巧妙的对角线计数方案（见图 5.12）。从 $\frac{1}{1}$ 开始，向右画箭头，来到 $\frac{1}{2}$。从这里沿对角线向下来到 $\frac{2}{1}$，然后直接向下来到 $\frac{3}{1}$，再沿对角线向上来到 $\frac{1}{3}$（我们跳过了 $\frac{2}{2}$，因为它等于 1，而 1 已经被数过了）。接下来重复整个过程，也就是说先向右走一格，再沿着对角线向下走，直到来到第一列，然后直着向下走一格，再沿着对角线向上走。每当我们遇到一个与已经经过的分数相等的分数时就跳过它。

我们可以这样理解对角计数方案。假设你有一台自动割草机，图 5.11 中的分数给出了要割草的区域。割草机应该如何移动才能覆盖这片无穷大的草坪的每一块呢？由于这个无穷大的草坪只有一个角，所以割草机必须从那里开始工作，然后沿图 5.12 所示的无限长的路线前进。

通过采用这种巧妙的对角计数方法，我们成功地将所有正分数置于一个队列中，而未遗漏其中任何一个。由此，我们在所有正分数和自然数（0 除外）之间建立了一一对应关系，第一个分数是 $\frac{1}{1}$，第二个分数是 $\frac{1}{2}$，第三个分数是 $\frac{2}{1}$，第四

个分数是 $\frac{3}{1}$，以此类推。每个分数都被分配了一个由它在队列中的位置给出的自然数。到目前为止，我们还没有考虑负分数。现在可以简单地将每一个负分数放置到相应的正分数之后，并将零放在最开始的位置。我们就将有理数与自然数一一配对了，并且两个数集中都没有被忽略的数，所以自然数的个数一定和有理数的个数一样多。对于一个集合，在不遗漏任何一个元素的情况下，若每个元素都可以被放置在一个可以计数的队列中，则称这个集合为可数集。所以，康托尔证明了 □ 是可数集。这是一个惊人的结果！

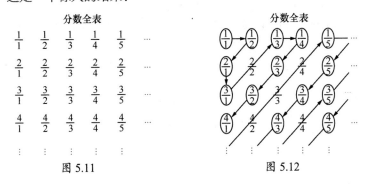

图 5.11　　　　　　　　　　　　图 5.12

受到这个结果的鼓舞，我们可能会问，是否也有可能把实数与自然数一一对应起来？康托尔证明了这是不可能的，因为无论我们如何巧妙地安排实数（即有理数和无理数），使它们排成可数的一队，总会有一些数剩下。准确地说，对于所有关于实数的计数列表，我们总是可以构造一个不能被包含在此列表中的实数。实数在小数点后可以有无限长不重复的序列，正是这个性质使它们成为"不可数的"。不可数集包含的元素太多，无法计数，因此实数集 □ 比自然数集 □ "大"。与其证明 □ 是不可数的，不如证明它的任一子集是不可数的。这就是说，只要我们能证明对于任何具体的实数选择方法，如果所选择的实数太多而不可数，那么实数集 □ 就必然是不可数的。根据康托尔 1891 年的证明，我们只考虑 0 和 1 之间的实数。进一步来说，我们只考虑 0 和 1 之间、小数部分无限长且只由 0 和 1 构成的实数。请注意，满足这些要求的最大数是 $0.\overline{1}$。现在假设已经找到了一种枚举所有这些数的方法，然后给出了在这些约束条件下所有实数的小数部分的列表，如图 5.13 所示

（为了节省空间，图中只提供了前六个数字）。

我们将要证明总是可以写出一个不在这个列表中的、由 0 和 1 构成的数列。我们取列表中第一行的第一个数字，写下它的补码（即 0 变为 1，1 变为 0）。对于下一个位置，取第二行中第二个数的补码，然后取第三行中第三个数的补码，以此类推（见图 5.14）。利用这种构造方法，我们发现这个"对角线序列"不同于列表中的所有行，因为它的构造方式决定了它的第 n 个数与列表中的第 n 行不同。它一定与列表中的第一行不同，因为二者的第一个数不同；也一定与列表中的第二行不同，因为二者的第二个数不同；还一定与列表中的第三行不同，因为二者的第三个数不同，以此类推。因此，列表中没有出现此数列！这种证明现在被称为康托尔对角证法，由无穷集合构造"对角序列"成为数学中的一种重要且常用的证明方法。

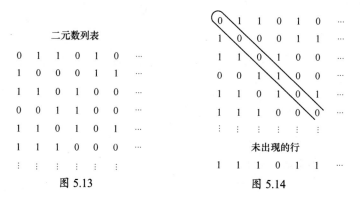

图 5.13　　　　　　　　图 5.14

康托尔证明实数是不可枚举的，它们不能与自然数一一对应。因此，实数比自然数"多"，对应于一个"更大"的无穷大。他称这种集合为不可数集。即使这样的集合是不可数的，我们仍然可以证明存在着不同"大小"的无穷集。康托尔还证明了在不可数集中存在着无穷多个"大小"类型，他还提出了一种比较无穷的"大小"的方法。为了度量无穷集的大小，他用称为"势"的数符来扩展自然数，并用希伯来文字母□（aleph）作为记号，用自然数作为下标。例如，□$_0$ 是自然数集的"势"，它是数学中"最小"的无穷大。当康托尔公布这些结果时，数学界被震惊了。这些概念被认为是革命性的。许多著名数学家试图证明康托尔错了，不接受他的工作。对他的工作的批评使康托尔陷入了抑郁之中，有一段时间他甚至放弃了数学研究。虽然他恢复了健康并继续他的研究工作，但未能完全恢复对数学的热情。学术界花了几十年的时间才充分认识到他的思想的重要性和独创性。康托尔走在了时代的前面。

　　我们已经证明了有理数集 □ 并不大于自然数集 □，这是一个完全违反直觉的事实。虽然这句话似乎与常识相悖，但它的证明相当简单，也不难理解。实数集 □ 大于自然数集 □ 的证明在本质上也是如此，表明数学中存在不同大小的无穷大。在自然数、有理数和实数等最单纯的数系结构中，可以发现非常令人惊讶和意想不到的结果，这从另一方面也展示了数学之美。

自行车上的数学

　　改变一下节奏，让我们考虑一个数学在日常生活中的应用实例，这个例子本可以广为学生所知，却鲜见于课堂教学。随着自行车在我们生活中的普及，通过数学搞懂如何选择合适的自行车挡位是有益的。一些自行车有多个变速齿轮，因此具备多种传动比。换挡机构允许我们根据当前情况选择合适的传动比，以提高骑行效率或舒适度。变速自行车通常有两个直径相等的轮子、一到三个链轮以及装在后轮上的飞轮。飞轮组通常由 5 个或更多飞轮组成，这取决于自行车的类型。在后轮上，最大的飞轮最靠近辐条，最小的飞轮在最外侧（见图 5.15）。

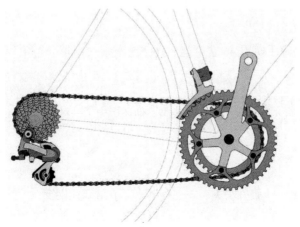

图 5.15

前面的链轮也称为牙盘，它们固定在连接踏板的曲柄上。传动装置通过拨链器将链条从一个链轮移动到另一个链轮上来实现换挡变速。

现代竞赛自行车通常有 10 个或 11 个飞轮和两个牙盘，因此有 20 个或 22 个不同的挡位。山地自行车通常有三个牙盘，因此有 30 或 33 个不同的挡位。这只是理论上的最大值，因为某些挡位会导致链条的斜倾角度非常大，造成链条过度磨损。

现在让我们仔细研究一下自行车的基本结构。牙盘和链轮的齿数很重要。假设牙盘有 40 个齿，链轮有 20 个齿，那么传动比是 $\frac{40}{20}$，即 2。这意味着牙盘每转动一圈，飞轮就会转动两圈。而飞轮连接在自行车车轮上，因此车轮也会转动两圈。踏板转一整圈的行程取决于驱动轮的直径。这里，以英寸（1 英寸 = 2.54 厘米）为测量单位的传动比称为齿英寸，是以英寸为单位的驱动轮直径和牙盘齿数与链轮齿数之比的乘积，结果通常四舍五入到最接近的整数。

$$齿英寸 = 驱动轮直径 \times \frac{牙盘齿数}{链轮齿数}$$

假设驱动轮的直径为 27 英寸，对于 40 齿牙盘和 20 齿链轮，齿英寸为 2 × 27 = 54。如果将上述公式中的齿英寸乘以 π，就得到了踏板每转一圈时自行车向前行驶的距离，这被称为圈米。在传动比较大的挡位下踩踏板比在传动比较小的挡位下更难，原因就是在传动比较大的挡位下踏板转一圈时自行车行驶的距离更长，所以骑手所做的功更多。

例如，一个骑手使用 46 齿牙盘、16 齿链轮和 27 英寸轮胎，可以得到的齿英寸为 77.625 ≈ 78；另一个骑手使用 50 齿牙盘、16 齿链轮和同样的轮胎，可以得到的齿英寸为 84.375 ≈ 84，他踩踏板时更难一些。齿英寸为 78 时，踏板每转一圈，自行车向前行驶约 245 英寸；齿英寸为 84 时，踏板每转一圈，自行车向前行驶约 264 英寸。

抛物线：一条非比寻常的曲线

用尺子和圆规，我们可以画两种线——直线和圆（或圆弧）。我们把"线"放在引号里，因为在数学概念里，线和"直线"是同义词。"曲线"是对不一定是直线的"线"的更一般的称呼。直线和圆弧是曲线的特殊例子。它们是最基本的曲线，通常也是唯一会在基础平面几何中绘制的曲线。很明显，对这些由基本曲线构造的几何图形进行研究会得到许多有用的知识。由直线和圆弧构成的基本图形包括多边形和圆弧等，这些图形只用尺子和圆规就可以画出来。然而，也存在许多别样的曲线。尽管我们只用尺子和圆规无法画出，但它们在应用方面的重要性丝毫不弱。抛物线就是这类曲线中的一种，每次我们看卫星电视节目时都会借助其性质。接收来自卫星的电磁信号需要一个卫星天线，这是一种通过专门设计接收来自卫星的电磁信号的天线。碟形卫星天线有一个抛物面，上面带有一个装置，可以将接收到的信号放大，并将其转换为电流，然后将电流传输到卫星接收器。卫星天线的形状非常关键，但在揭示其工作原理之前，我们简要回顾一下抛物线的定义。

抛物线是由一条固定的直线 d（准线）和一个不在这条直线上的固定点 F（焦点）定义的。抛物线是平面上与直线 d 和点 F 等距的所有点的集合。这意味着一点属于抛物线，当且仅当它到焦点 F 的距离等于它到准线 d 的距离。（回想一下，点到直线的距离是指从该点到直线的垂线段的长度。）作点 F 到直线 d 的垂线段，其中点 P 就是一个这样的点（见图 5.16）。

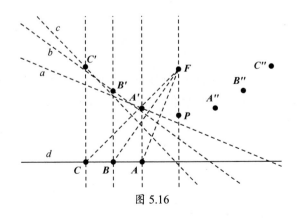

图 5.16

更多抛物线上的点可按如下方法构造。在准线上任取一点 A，作线段 AF 的垂直平分线，我们用 a 来表示。那么，直线 a 上的所有点都与点 A 和 F 等距。最后，过点 A 作一条直线垂直于准线 d，并交直线 a 于点 A'。点 A' 就是抛物线上的一个点，因为它到点 F 和准线 d 的距离相等。要得到直线 FP 另一侧的抛物线点，我们可以重复这个过程，也可以直线 FP 为轴作点 A' 的对称点 A''。现在，我们可以在准线 d 上选取另外的点 B 和 C，分别作出 B' 和 B'' 以及点 C' 和 C''（见图 5.16）。对准线 d 上的多个点重复这个过程，我们将得到抛物线上的多个点。请注意，线段的垂直平分线可以在纸上通过将线段的一端折叠到另一端得到。抛物线上的一点的切线能够通过折叠这个点到准线的垂线的垂点和抛物线的焦点得到。这就是抛物线为什么是几何折纸里的基本曲线之一。

让我们回到卫星天线的例子上。如果我们把一条抛物线（见图 5.17）绕其对称轴旋转（见图 5.18），卫星天线的三维形状就会显现出来。抛物线绕其对称轴旋转而形成的曲面称为抛物面。卫星天线之所以采用这种图形是因为它具有极好的几何特性。

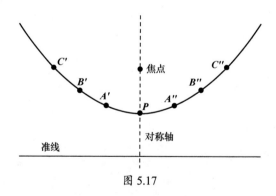

图 5.17

在探索抛物线的反射特性之前，我们需要复习一下反射定律，即入射角等于据法线测量的反射角。法线垂直于反射面，即垂直于与反射面相切的平面。

现在让我们考虑一条经过抛物线上的一点 P 的入射光线，如图 5.19 所示。我们将入射光线延长并与准线交于点 Q，再过点 P 作抛物线的切线及其垂线。根据抛物线的定义，可知 $PQ = PF$，并且 PR 是等腰三角形 QPF 的高。因此，$\angle FPR$ 与 $\angle QPR$ 相等。又因为 $\angle APB = \angle QPR$，所以 $\angle FPR = \angle APB$，于是 $\angle 1 = \angle 2$。因此，

PF 代表了反射光线的方向。因为点 *P* 是抛物线上的任意一点,所以抛物线上的所有点都具有这种特性,这意味着平行于对称轴的光线将在焦点 *F* 处会聚。

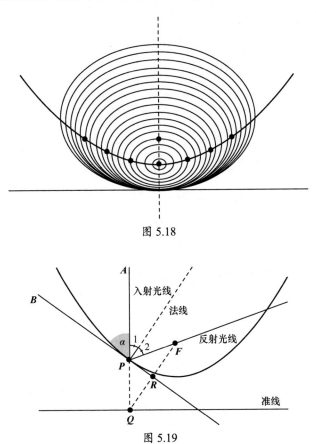

图 5.18

图 5.19

致 谢

首先，我们感谢本书的出版人蒂文·L. 米切尔（Steven L. Mitchell）和联络员凯瑟琳·罗伯茨-阿贝尔（Catherine Roberts-Abel）的支持和帮助。也要感谢资深编辑杰德·佐拉·希比利亚（Jade Zora Scibilia），她细心的编辑和恰当的建议使得本书的表述尽可能清晰易懂。还要感谢编辑助理汉娜·埃图（Hannah Etu）和排版人员布鲁斯·卡尔（Bruce Carle）。封面设计展现了妮可·索默-莱赫特（Nicole Sommer-Lecht）的才华。

这本书的创作得益于许多人的关心和支持，我们在这里一并表示感谢。克里斯蒂安·施普赖策（Christian Spreitzer）博士要感谢凯瑟琳·布拉兹达（Katharina Brazda），与她的讨论鼓舞人心，她提供了一些非常有创意的想法。

附　录

正如我们前面提到的，高中教学很可能已经介绍过塞瓦定理，因为它的证明仅仅利用了相似关系，而相似关系是几何课程的内容。可用许多方法证明塞瓦定理，接下来我们给出其中之一。为了更容易搞懂证明过程，可以参考附图 1（a），然后验证每个命题对附图 1（b）的有效性。

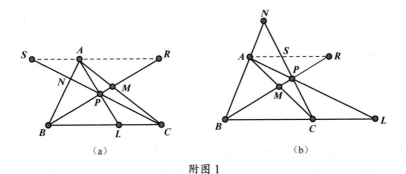

（a）　　　　　　　（b）

附图 1

在附图 1（a）中，过点 A 作 BC 的平行线 SR，与 CP 的延长线交于点 S，与 BP 的延长线交于点 R。根据这组平行线，我们可以得到以下几组相似三角形。

$\triangle AMR \sim \triangle CMB$，因此有：

$$\frac{AM}{MC} = \frac{RA}{CB} \qquad\qquad （\text{I}）$$

$\triangle BNC \sim \triangle ANS$，因此有：

$$\frac{BN}{NA} = \frac{CB}{SA} \tag{II}$$

$\triangle CLP \sim \triangle SAP$，因此有：

$$\frac{CL}{SA} = \frac{LP}{AP} \tag{III}$$

$\triangle BLP \sim \triangle RAP$，因此有：

$$\frac{BL}{RA} = \frac{LP}{AP} \tag{IV}$$

由式 III 和式 IV 可知：

$$\frac{CL}{SA} = \frac{BL}{RA}$$

也可以写作：

$$\frac{CL}{BL} = \frac{SA}{RA} \tag{V}$$

现将式 I 、式 II 与式 V 的两边分别相乘，则有：

$$\frac{AM}{MC} \cdot \frac{BN}{NA} \cdot \frac{CL}{BL} = \frac{RA}{CB} \cdot \frac{CB}{SA} \cdot \frac{SA}{RA} = 1$$

上式也可以写作 $AM \cdot BN \cdot CL = MC \cdot NA \cdot BL$。这给出了理解这一定理的一种好方法，那就是从三角形的每个顶点出发到对边结束的三条共点线段（称为塞瓦线）在三角形边上形成的交替线段的乘积相等。

这个定理的逆定理有着特别的意义。如果沿三角形三边的交替线段的乘积相等，则给出这些点的塞瓦线一定是共点的。

我们现在要证明，如果有三条分别过 $\triangle ABC$ 的三个顶点且与对边交于点 L，M，N 的直线，使得 $\frac{AM}{MC} \cdot \frac{BN}{NA} \cdot \frac{CL}{BL} = 1$，那么就有 AL，BM，CN 三线共点。

假设 BM 和 AL 在点 P 处相交，连接并延长 PC 使其交 AB 于点 N'。已知 AL，BM，CN' 共点，可以利用前面证明的塞瓦定理得到以下结果：

$$\frac{AM}{MC}\cdot\frac{BN'}{N'A}\cdot\frac{CL}{BL}=1$$

但条件已经给出 $\dfrac{AM}{MC}\cdot\dfrac{BN}{NA}\cdot\dfrac{CL}{BL}=1$，因此 $\dfrac{BN'}{N'A}=\dfrac{BN}{NA}$，所以有点 N 与 N' 一定重合，从而证明了三线共点。

　　为方便起见，我们可以将这个定理重申如下：如果 $AM\cdot BN\cdot CL=MC\cdot NA\cdot BL$，那么三线共点。

注　释

前　言

1. Michel Chasles, *Aperçu historique* 2 (1875).

第 1 章　算术新语

1. 一个数的真因数是指除了这个数本身以外的所有其他因数。例如，6 的真因数是 1，2，3，但不包括 6。

2. 如果 $k = pq$，则 $2^k - 1 = 2^{pq} - 1 = (2^p - 1)[2^{p(q-1)} + 2^{p(q-2)} + \cdots + 1]$。因此，当 $2^k - 1$ 是素数时，k 只能是素数，但这并不保证当 k 是素数时，$2^k - 1$ 也将是素数。这一点可以从以下 k 的取值中看出来。

k	2	3	5	7	11	13
2^{k-1}	3	7	31	127	2047	8191

注意，2047=23×89，它不是素数，因此后一个命题不成立。

3. 四舍五入到小数点后第九位。

第 2 章　代数正解

1. Kurt von Fritz, "The Discovery of Incommensurability by Hippasus of

Metapontum," *Annals of Mathematics* 46, no. 2, 2nd ser. (April 1945); see also chap. 6 in *Lore and Science in Ancient Pythagoreanism*, by Walter Burkert (Cambridge, MA: Harvard University Press, 1972).

第 3 章　几何探秘

1 . L. Hoehn, "A Neglected Pythagorean-Like Formula," *Mathematical Gazette* 84 (March 2000): 71–73.

2. Deanna Haunsperger and Stephen Kennedy, eds., *The Edge of the Universe: Celebrating 10 Years of Math Horizons* (Washington, DC: Mathematical Association of America, 2006), p. 231.

3. 这种对 "pons asinorum" 的引用似乎是错误的，因为我们通常认为 "pons asinorum" 指的是等腰三角形两底角相等的命题，也称作 "傻瓜桥" 问题。很明显，这里的引用指的是毕达哥拉斯定理。参见 *New England Journal of Education* 3, no. 14 (April 1, 1876)。

4. Elisha S. Loomis, *The Pythagorean Proposition* (Reston, VA: NCTM, 1940,1968).

5. *The Pythagorean Theorem: The Story of Its Power and Beauty*, by A. S. Posamentier (Amherst, NY: Prometheus Books, 2010).

6. Cabre Moran, "Mathematics without Words," *College Mathematics Journal* 34 (2003): 172.

7. 有关塞瓦定理和相关主题的更多信息，请参阅 *The Secrets of Triangles*, by A. S. Posamentier and I. Lehmann (Amherst, NY: Prometheus Books, 2012).

第 4 章　概率日常

1. 感兴趣的读者可以阅读 Jason Rosenhouse, *The Monte Hall Problem: The*

Remarkable Story of Math's Most Contemptuous Brainteaser (New York: Oxford University Press, 2009)。

第 5 章   以数通识

1. Florian Cajori, *A History of Mathematical Notations*, vol. 2 (Chicago: Open Court   Publishing, 1929), pp. 182–83.

2. 这个三角形的第一行是从 1 开始的，第二行由 1，1 构成，第三行在两端放上 1，中间的位置由上方第二行的两个数字相加（1 + 1 = 2）得到 2。第四行以相同的方式得到。在放置两端的 1 之后，3 是由其上两个数的和（到右边和左边）得到的，即 1 + 2 = 3，2 + 1 = 3。